U0875301

景观建筑生态设计与施工
水景·公共设施

Landscape Architecture Construction Ecology
Water Scape & Public Facilities

[韩] 环境与景观出版社　编

田　华　朱一荣　郝　岩　译

中国建筑工业出版社

著作权合同登记图字：01－2012－8814号

图书在版编目(CIP)数据

景观建筑生态设计与施工　水景·公共设施／(韩) 环境与景观出版社编；田华，朱一荣，郝岩译．—北京：中国建筑工业出版社，2013.11
ISBN 978-7-112-16030-3

Ⅰ.①景… Ⅱ.①环…②田…③朱…④郝… Ⅲ.①理水（园林）－景观设计②理水（园林）－景观－工程施工 Ⅳ.①TU986

中国版本图书馆 CIP 数据核字（2013）第256357号

Landscape Architecture Construction Ecology (vol. 054, 2009)
Water Scape (ISSN 1599-8037)
Compiled by Environment & Landscape Architecture of Korea
Copyright © 2009 Environment & Landscape Architecture of Korea

Landscape Architecture Construction Ecology (vol. 060, 2010)
Public Facilities (ISSN 1599-8037)
Compiled by Environment & Landscape Architecture of Korea
Copyright © 2010 Environment & Landscape Architecture of Korea

All rights reserved. Authorized translation from the Korean Edition published by Environment & Landscape Architecture of Korea.
Chinese Translation Copyright © China Architecture & Building Press 2014
China Architecture & Building Press is authorized to publish and distribute exclusively the Chinese edition. This edition is authorized for sale in China (including Hong Kong and Taiwan). No part of the publication may be reproduced or distributed by any means, or stored in a database or retrieval system, without the prior written permission of the publisher.

本书中文翻译版由韩国环境与景观出版社授权中国建筑工业出版社独家出版，并在全中国（包括香港和台湾）销售。未经出版者书面许可，不得以任何方式复制或发行本书的任何部分。

责任编辑：白玉美　孙书妍
责任设计：董建平
责任校对：王雪竹　刘　钰

景观建筑生态设计与施工
水景·公共设施
[韩] 环境与景观出版社　编
田　华　朱一荣　郝　岩　译
*
中国建筑工业出版社出版、发行(北京西郊百万庄)
各地新华书店、建筑书店经销
北京嘉泰利德公司制版
北京方嘉彩色印刷有限责任公司印刷
*
开本：880×1230毫米　1/16　印张：$12\frac{1}{2}$　字数：380千字
2014年6月第一版　2014年6月第一次印刷
定价：**118.00**元
ISBN 978-7-112-16030-3
(24813)
版权所有　翻印必究
如有印装质量问题，可寄本社退换
(邮政编码 100037)

译者的话

龙年的年底，突然接到中国建筑工业出版社的电话，鉴于我们以往的翻译态度，这次特意再委托我们翻译两本韩国造景生态施工方面的材料。为使书稿能在明年顺利出版，翻译合同要求很急，我们必须夜以继日地工作，寒假旅游计划肯定泡汤不说，还得面对妻女的怨言。不过好在她们都有在韩国生活和学习的经验，部分打下手的工作就交给她们了，一家人一起网上查词典，找材料，共同翻译也是其乐融融。经过一个多月的紧张努力，初稿终于完成了。接下来的工作就是进一步地推敲理顺文字，将很多倒装句和长句子，改写成国人的阅读习惯。这个工作并不比初稿轻松，常常为了一句话琢磨良久，有时实在找不到合适的句子，那就暂时放一放，从户外散步回来就会有灵感。本书并不是一个设计师的专业著述，而是韩国的系列杂志，文章作者的文风和用词习惯各不相同，有人喜欢吟诵诗词，有人喜欢玩弄外文，还有人喜欢古汉语，揣摩各个作者的想法也费时不少。

本书源自韩国环境与景观出版社（ELA KOREA）出版的季刊《景观生态施工》中的内容。《景观生态施工》是韩国景观设计施工方面优秀的专业类杂志，每一期都会选择一个主题，介绍各种和景观施工及生态恢复相关的最新专业技术以及施工案例。本书精选了《水景》（Water Scape）和《公共设施》（Public Facilities）两期季刊的重要内容，集合而成。

第一篇从水景在现代城市生活中的必要性出发，介绍了水景的设计、施工与维护的全过程。水景由三章组成：第一章是水景空间的塑造、现状及存在的问题，主要介绍了水与水景的特征，水景设计、水景施工、水景营造中应该注意的问题。第二章介绍了喷泉、人工瀑布、生态湖面、人工生态岛等水景设施，以及这些设施在设计、施工和维护时的注意事项。第三章附录介绍了韩国水景设计公司的设计作品、景观设计师访谈、水景小品及水质维护改进的相关参考资料等。

本书所言“公共设施”是韩语和英语直译的用词，并不是我国城市用地分类中的公共设施用地，也不是指居住区规划中的公建。依我们的设计习惯应该是指户外建筑小品一类，如座凳、垃圾箱、凉亭等，本书专指室外空间中的休息设施。共由三章组成：第一章是空间中的休息设施，主要介绍了室外座凳、各种设施小品的色彩、传统的石凳、凉亭及室外凉棚等。第二章是利用各种建筑材料对休息设施进行的设计、安装和维护等，主要介绍了石材、木材、钢材的产地、加工工艺、组装设置方法等。还详细介绍了韩国各城市有关室外设计小品的设计规范指南。第三章是国外参考实例资料，主要是作者赴欧洲参加纽伦堡国际展览的体会及韩国各景观设计公司的设计作品等。

本书第一篇水景由朱一荣翻译，第二篇公共设施由田华翻译，英文部分由青岛大学高职学院的郝岩负责。

田华、朱一荣

2013年10月

目　录

第二篇 公共设施

第一章 城市场所中的休息设施

第二章 休息设施的制作、施工和管理

第三章 国际及韩国国内实例参考

译者简介

WATER

第一篇　水景

第一章　水景空间的塑造、现状及问题

在当今的城市空间中不难看到大大小小的水景空间。水的自然特性会让人心情愉悦。不同的水景塑造方式，以多样的形态和听觉效果，给枯燥的城市环境增添活力。近年来，水景设施的创造方式及相关技术不断进步，给城市空间引入了更多样的水景设施。

第一章“水景空间的塑造、现状及问题”中主要梳理了近年来呈现的水与造景的关系，分析了水景设施设计与施工现状，并在提出存在问题的同时，探讨其问题的解决方法，还包括了塑造水景空间中使用的材料。

希望本文能有助于水景空间的发展，也能有助于提高所有读者对水景设施的认识。

水与造景：水信 堤佳 治国 平川河 / 黄龙得（Hwang, Yong Deuk）
水景设计存在的问题及改善方案 / 具廷会（Koo, Jeong Hoe）
水景施工现状及存在的问题 / 郑云翼（Jeong, Un Ik）
用于滨水空间塑造的材料 / 具荣一（Koo, Young Il）

SCAPE

水与造景：水信 堤佳 治国 平川河

依水建堤，治国，才能有太平江山。

黄龙得 Dong In Ma Dang CEO

一、水性

形态

众所周知，水是地球生命的源泉。目前说不清地球上的水是如何生成的，但能断定的是约35亿年前，原始海洋孕育了地球上最原始的生命。至少20亿年前已经存在与当今水质相同的海水。地球表面的70.8%被水覆盖，人体的75%也是由水构成。水是物质也是物体。一切物体都是由物质所组成的。但水具有根据不同场景变为雾和云等气体、雪和冰等固体、雨和水等液体的特殊性。

光

光是从哪里来的呢？我们一直生活在光线之下，因此很少有人认真思考光从何而生。但光是生命的源泉，也是人类最后的能源。光是横波，也是通过不同介质时，会发生折射、反射、绕射、散射及吸收等现象的电磁波。在众多电磁波中，能肉眼识别的是可见光。

气态水（2005 BUGA）

液态水（日本幕张）

通过可见光，才能看到水的颜色和色彩。水体的反射色是白色，吸收色是黑色。水中的白到黑，以光源色温来讲，有白、黄、赤、青、黑。从这个层面来看，水是否能体现所有的色彩呢。颜色能影响人的心情和身体健康，水除了单纯色彩之外，还能表现更多的隐喻。清澈的水在阳光的不同照射下变得更具魅力，浑浊的水能引起恐惧，不同的色彩给人不同的感受。

光和水在不同环境给人的感觉也不同

春天的海浪

冬天的海浪

波动与声音

声音是在平衡状态下力学振动通过弹性物体的传递所产生的，波动只传递能量。

万有引力是天体运动的动力源泉。外力是改变物体运动速度的原因，水的速度与物体质量成比例关系。

水以自身特性，传递光和声音。水和其他物质不同，与声音的关联更深。水所固有的流动性能让水产生波涛汹涌的海浪声、溪水潺潺的流水声、滴滴答答的滴水声等多种声音；而且根据气体、液体、固体等不同形态，也可以产生多种声音；根据水的流速与流量，也可产生不同的声音。尤其是在深夜里的水声可让人沉浸在无尽的想象中。

二、水欲

锦绣河山

从古至今，韩国就有“三千里锦绣河山”之美誉。传统村落的选址，也是先看是否有稳定的水源，且根据可供水量确定村庄的规模。韩国人的生活与农耕文化有着千丝万缕的联系，在日历中都标明了农忙时节。还存有为禳除旱灾举行的祈雨祭祀的遗址。通过一些老照片中小姑娘们在村落里的水井中挑水的景象，以及妇女们在小溪边洗衣服的场景，可以看出朝鲜民族的生活中水是不可缺少的。

泥河里的生活（柬埔寨）

清澈的水景（全南头轮山溪谷）

泉址（景福宫）

洗衣场所（乐安邑）

至今不少国家被缺水所困扰。在非洲的大部分国家中水已成为生存根本，偶尔还能通过媒体看到非洲小孩为了挑水不能按时上学的报道。此时也回想起了小时候在公用水管打水的过去，那时因为自来水管没有进入每家每户，只能扛着水壶越过山坡，到供水点购买饮用水。过去旱情严重时，韩国银行前的喷泉也会停止运转，减少用水量。日本东京日比谷公园的喷泉也采用过类似的节约用水宣传方式。这可能是从日本帝国时期遗留下来的惯例。其实喷泉池里采用的是水循环系统，与节约用水没有太多的关联。但电是靠水力发电的，所以这种管理模式也可能是出于节电节水的观点。喷泉是水景中最具代表性的设施，在早期的政府机关造景中常采用喷泉和瀑布。但是公共机关在造景空间中的大量用水，也随之遭到了社会的质疑，因此到了后期，经常出现水景设施被取消的情况。

水上世界（Waterpia）

韩国的传统思想是自然无为。减少人为、回归自然的造景方式逐步扎根之后，除了特殊场景之外很少塑造人为的水景。在溪水边边泡脚边咏诗，或者在河边凉亭中欣赏宜人景色是传统的水景。在宫廷的水景塑造中，大部分是受天圆地方、风水等思想的影响，以方形池塘为主，但也有像新罗时期的雁鸭池和鲍石亭等回归自然的水景。相反在中国和日本难以利用自然塑造水景，所以人工水景技术相对发达。这样的传统自然观其实也影响着韩国的近代水景技术，但因城市化所导致的脱离传统、西洋化的思想转变，人工水景在设计中占据了主要位置。

在造景领域，水景类似于沙漠里的绿洲，水景要素不但能给平淡的设计增添更多生动、多变的活力，还能塑造成联系城市整体的网络系统。

投入巨额管理资金的水景设施
（澳大利亚 HOMEBUSH）

因过分繁杂设计受质疑的水景设施
（澳大利亚悉尼）

韩国传统水景（景福宫）

西欧现代水景（宝石博物馆）

Bellagio 酒店音乐喷泉

威尼斯酒店喷泉

夜间更加绚丽的水面

一般对于城市而言，白天热闹，晚上安静。与此相反，有晚上更加绚丽的城市，这座城市就是世界著名的旅游胜地拉斯韦加斯。

拉斯韦加斯其实白天也是个普通的城市，但到了晚上会装扮成梦幻城市。这可能是因为地处美国内华达州的沙漠炎热气候的原因，很多都是为夜间特意规划建设的。尤其是以灿烂的五彩照明和华丽的水景设施为主体设计的城市空间。

最具代表性的有Bellagio酒店的喷泉，此喷泉不是院内封闭的，而是向街道完全开放的。为此观看喷泉没有必要入住该酒店，在酒店前的马路上谁都能够欣赏到。因更加突出沿街水景，酒店看起来类似于陪衬。

威尼斯酒店也同样，在室内设有运行冈朵拉的水路，让人联想起意大利的威尼斯。金银岛酒店前的海盗船也以特殊的魅力吸引旅游者的视线。这些都是到了晚上才能欣赏到的。以此类水景为主题的城市塑造，更有助于成为世界旅游城市。

威尼斯酒店内的冈朵拉

主导城市景观的大型喷泉（中国澳门）

过时的

迄今为止，水景还是更多的出于景观层面。为迎接2002年韩日世界杯，在汉江建造了高达200m的世界最高的汉江喷泉，不久前又在汉江盘浦大桥上建造了世界最大的落水喷泉，深受市民喜爱。世界最大的釜山夕阳喷泉也已竣工，为了得到世界的公认已申请吉尼斯世界纪录。据了解，每月的运行费用为1500万韩元，既然如此我们就没有必要去拉斯韦加斯了。在韩国不论城市大小，竞相建造以音乐喷泉为首的大型瀑布、旱地喷泉等号称世界最大的水景设施，可以算是“世界水景之国”了。

圣淘沙多媒体喷泉表演（新加坡）

其实从造景的角度塑造水景，是从杨花瀑布开始，全面开启了人工水景设施的时代。包括在原龙马山采石场建造的人工瀑布，在广场上不可缺少的旱地喷泉，设在住宅小区内的壁泉、池塘、小溪等多样的水景设施，都绽放着美丽的姿态。但近年来对水景的看法似乎发生着微妙的变化。第一，与初期投资相比，使用季节较短，维护费用较高，逐渐失去了它的魅力。第二，一直关注的水质问题。绝大部分水景设施是通过再循环方式，因为频繁更换水槽中的水会增加相关费用，进而延长更换时间，导致水的污染。明知会出现此类问题，却没有设置防止污染的设施是普遍的事实，都只注

需满足卫生标准的戏水设施（中国台湾）

高压喷嘴可能伤害到儿童（中国台湾）

四大河流将续写新篇章（安洞洛东江上游）

河流入海口视野开阔（釜山泥滩水系）

左图：具有净化和景观价值的小溪（日本幕张）
右图：污水处理场排水口处的生态池塘（龙仁市旧葛污水处理厂）

重景观效果，忽略了市民的保健卫生。除了近期京畿道发布的水景设施水质标准之外，没有任何相关规定及规范，这是最为遗憾的一点。在食品、游憩设施等方面的安全措施已经出台的情况下，也即将出台与水景设施水质相关的管理规定。

三、从水景到水质时代

近年来，随着对环境的普遍关注，在造景中也开始注重生态空间。因此，在设计中处于净化水质的小溪、生态湿地、池塘等偏向于自然形态的水景空间有逐渐增多的趋势。

尤其是韩国现政府起草的四大河流的开发计划，也将会离不开生态的层面。确实如此，近期塑造水景空间的发展方向是生态。

人类的文明与河流有着千丝万缕的联系，首尔清溪川复原工程也给世人展示了河流与城市的关系。地方政府也开始增加投入，进行城市河流复兴工程。且在新城的开发建设中也可以看到包括小溪和池塘、集水池等水循环系统的水景设施。

今后的河流开发将不仅仅是景观层面的，而是注重历史文化的健康工程。所以，对迄今为止只追求景观效果，而忽略文明和卫生的设计来说，是重新认真思考的一个好机遇。

水景设计存在的问题及改善方案

设计时应考虑到的

具廷会　翰林造景技术事务所　理事

现代生活质量的不断提高，要求更舒适的便利设施和文化设施，注重自然环境。

水作为自然元素，不但能创造美丽景色，还能维持生态系统的平衡，是珍贵生物的栖息地。不仅如此，水还有通过人的视觉、听觉、触觉来调节心理，改变空间氛围的魅力。它是通过多种形式的水景设施来体现的，采用水景设施时，需要对周边环境进行深入分析和严格的技术检验才能实施。

自然元素——水的表现方式以及水景设施

水没有固定的形态，根据容器的形状而变。在自然界中能观察到的水有以下几种类型：第一，池塘等静态的平静型；第二，雨、雪、瀑布等跌落型；第三，地下水、河流、溪流等流淌的流动型；第四，水蒸气、涌泉等往上喷的喷涌型。

根据水的表现形式及所容器具的形状，水景设施的种类如表 1 所示。

水的各种形态特征　　　　表 1

分类	设施种类	空间性质	意象	运动	音响
平静	生态湖，水池，水塘	静	宁静	淤（静止）	小
流动	小溪，嬉水池	动	生动，节奏	流，淤	中
喷涌	旱地喷泉，造型喷泉，高射喷泉	静，动	苏醒，华丽	喷，落，淤	变动
跌落	瀑布，壁泉，小瀑布	动	强劲动力	落，流，淤	大

资料：崔基秀，李湘石 . 2002

平静水

喷水

流水

跌水

水景设施的设计

水景设施与周边景观要素融为一体的时候，才能发挥其效果。水景设施的设计要充分考虑周边景观要素、水循环以及给排水等多层面的技术验证，以及水的自然属性。

水景设施设计以喷水及设备设计为核心，形成了独立的专业领域。一般的水景设施设计是通过先由造景设计者确定外部空间的总体布局和水景设施的位置及水景的演出方式，后由水景设施设计者提供图纸的方式来开展的。

造景设计者确定水景设施的形态，选择相对应的构造和材料时，要充分了解前述的水性，并且与水景设施设计者对给排水和水循环系统等内容进行反复沟通协商。但是由于相互专业的理解不足和场地分析不够充分，在沟通和协商过程中还是会遇到不少问题。

设备间

水泵槽

水泵槽

设计过程中的问题

水景设施设计时的问题有；

第一，设计内容的遗漏所导致的问题。这是由于对水景设施的基本认识不足所导致的。流水型的水景设施中不但有不需要外部动力的设施，还有像喷泉和壁泉一样需要启动水泵的设施。但往往会出现忽略安装和控制动力设施的必要空间以及线路的情况。

甚至还可能出现遗漏水源和排水设施的情况。水源可以选用地下水、收集的雨水、自来水其中之一，但在设计时往往会忽略水源。此类问题在公园、绿地等设计中少见，大多数是在小区开发建设过程中与建筑部门共同参与时出现，主要原因是水景设施设计者与建筑设备设计者之间没有充分的沟通。

水质污染也是问题。死水容易变质，水质污染会发生病虫害等卫生问题。因此为了防止水质污染，需要设计水循环系统。

第二，对运行水景设施的考虑不足。水景设施在停止运转时，会破坏景观。停止运转时设备管网、灯光设备、电线等会直接暴露在外面，存在安全隐患。而且落叶及垃圾会夹在其中影响美观。运行时产生的噪声和振动，很有可能会导致心情不畅，尤其是小区内紧邻水景设施的住户。

第三，遗漏水景设施造价的问题。在设计明细中应包含水景设施的造价，但往往会被遗漏。这会导致不得不选择特定企业的产品，无谓地增加造价，提高投资费用。

除此之外，还可能会因材料的选择不当，发生老化、漏水等问题。因此，设计者应在设计阶段事先做好相应对策。

水景水质污染案例

改善方案

水景设施设计的改善方案如下：

第一，充分理解水的循环。水是从高处往低处流，逆向运转需要外加必要的动力。为此需要安装水泵设施，确定安装水泵的空间和管线走向是不可或缺的。设计者只有充分理解水循环系统才能做好下一步工作。

第二，充分考虑水景设施的功能与造型的关系。如上所述，水景设施停止运行时，会丧失美化功能，破坏景观的同时，还存在安全隐患。因此，考虑到停止运行后的景观，要对设施的造型进行深入推敲。最好是能与环境雕塑、美术工艺品联系起来，提高水景设施的美观。

第三，下发设计任务起初，确定水景设施造价。应对所有相关专业的设计费用进行统筹计划，以此保障计划能够顺利实施。

水是地球生命和人类文明的根源，生活环境中有水的空间，在情感上具有重要意义。自然界中有树、土、石等多样的自然元素，与它们不同，水是能给人清爽感和亲近感的、充满魅力的自然元素。它不仅能给高度产业化的城市环境注入活力，还能调节人的情绪，以多样的景观视觉和听觉效果，上演多样的城市风景。因此，水景设施设计与周边景观要素融为一体的同时，应更多地关注水景设施的舒适、安全、持续性。

裸露的管线

考虑到造型的水景设施

水景施工现状及存在的问题

对水特性的理解和维护管理的重要性

郑云翼　Rainbowscape(株)　CEO

引言

本文通过了解从古代延续的水景作用，阐述我的观点。过去都是寻找水源观赏水景，在最佳的观景点设置相关设施来观赏水景。也就是说，以最原始最自然的状态，观赏瀑布、湖泊等多样的自然水景。

水元素按照水流的状态具有两个极端的特性。一个是活跃的流动引起的跳跃性，另一个是包容万物的平稳性。这是延续至今的营造水景的基本原则。我们要对水的特性充分理解之后，调研建造在我们身边的水景设施施工现状及存在的问题，并提出建议。

水景施工现状及存在的问题

水景设施种类可以根据水流的状态，分为水平的、平静的水景设施和垂直的、跃动的水景设施。

水平的、平静的水景设施有池塘、湖泊、河流、溪流等。因水平的水景设施分布面较广，施工时要做好突发情况的应对准备。

第一，水景设施中最重要的是防水。防水不仅和施工质量有关，而且还可能受其他因素的影响出现漏水情况。因此，要反复

确认基础工程及气象条件等周边环境。池塘和溪流等水平的水景设施面积较广，一旦出现瑕疵就难以找到问题的根源，所以反复强调施工质量是必须的。但防水、植树、造景工程几乎都在同一阶段进行，很难避免加班加点赶工期的现象。在这时往往会忽视一些小细节而引起施工质量问题，即使发现及时，也因同期完工的设施较多，给维修工作增加了难度。

第二，杂物的侵袭和人为所致的机器破损。水面面积较大，漂流的杂物较多，经常出现管线的堵塞和机器故障。虽然采用设置过滤网，加大相互间距，设置安全设施，但对设施的理解和管理不善，还是经常出现同样问题。与人发生直接接触的水景设施更是如此。

第三，与水质相关的问题。对水面比较平静、流线较长的溪流来讲，周边环境所致的水质恶化现象屡屡出现，破坏生态平衡的同时，美丽水景变得丑陋不堪。为此，根据需要施工时可以增设净化设施，减少污染。但涉及工程费用等问题，最终放弃的情况较多。

第四，与排水相关的问题。在平静的、面积较大的水面要划分排水分区，设置排水口。在维护管理时，最容易出现冻裂、淤水等问题，施工时一定要严格把关。

垂直的水景设施包括跌落型（瀑布、壁泉等）和喷涌型（喷泉、涌泉等）水景设施。此类水景设施的景观性较好，往往出现在中心位置，扮演重要角色。水景设施的核心部件基本集中设置在狭小的空间内，需要与其他工程之间保持紧密联系，才能保障工程质量。

第一，跌落型水景设施的性质是由大量的水自由降落时的形态所决定。决定其性质的重要部分是溢流口的表面材料，但施工人员对此的理解不足，导致水景性质发生变化的情况较多。且根据落地部分材料的不同，水的姿态也会发生变化。

第二，设置瀑布及壁泉时，管线会通过保护墙或构筑物的下端，此时会受到水的冲击，遭到破损。因此，管线的走向要避开跌落点。

第三，对喷射型水景设施来说最大的问题就是飞溅水。喷射型水景设施的特征就是喷射的水向水景设施外部飞溅。但如何处理外部地面和飞溅水，没有太多的考虑。施工过程中要明确如何处理，并通过在地面设置坡度，对可利用的水和不可利用的水进行分流，才能确保设施的水质。

第四，使用过程中的安全性。表面材料的强度不达标，难以保障人群的安全，只能通过设置安全设施来确保安全。电力安全问题无论怎么强调都不过分。

虽然简单叙述了施工过程中的相关问题，一旦出现问题，带给人的危害甚至比想象的还要致命。此外使用过程中出现的问题，也会给使用者造成严重的伤害。

水景设施即使实现了完全自动化，要是管理不完善，也同样不能发挥完整作用。所以，水景设施的施工和使用阶段，都不能忽略管理上的问题。

探讨水景施工问题的改善方向

在水景施工过程中除了上述问题之外，还存在更多预想不到的问题。针对这些实际问题有具体的实质性的方案，但本文中只探讨利于水景施工发展方向的核心问题。

第一，要建立完整的水景设施学术研究体系。与水景设施相关的专业部门较多，只有水景施工部门从多个角度关注上述问题，并有众多施工部门的持续努力，相关技术和施工能力会不断提高。但现阶段缺乏对水景设施从宏观到微观的分析和研究。为此，需要建立产学研为一体的系统，提高学术研究和技术研发能力。

第二，加强专业技术人员的培养。水景设施是涉及机械、设备、电气、自控、水质、造景等多个专业的内容，需要综合理解能力较强的专业人才。但目前没有这方面的专业教育，只能通过工作实践进行培养。这样的人才供需体系难以满足现状，为此一定要通过产学研平台共享学术性、技术性成果，培养出专业人才，才能创造出更好的水景设施。

上述两个建议都是以产学研为基础的。通过科研成果的积累和共享，全面掌握相关专业知识的人才培养，才能提高水景空间的质量和相关技术。产学研的紧密联系，不仅是为了人才培养，也是为了提高科研成果的产品化能力。

最后，在创造水景设施时切记如下两点，因为这是提高水景设施的质量和延长使用寿命的必要事项。

第一，水景设施一定要具备完善的管理。近年来在城市空间的主要景观轴线中，经常会看到大大小小的水景设施，扮演着重要角色，因此它的重要性可想而知。但比较遗憾的是，巨额的投入带来的是丑陋的废物。新设置的水景设施由于缺乏有效的维护，好景不长，就不能正常运转。对于水景设施来讲，比设计和施工还重要的是长期有效的维护。没有管理计划的水景设施终究会废弃，对维护管理的麻木不仁和无动于衷是水景设施最强的敌人。

第二，必须考虑使用人群的安全和卫生问题。这与设计人员的职业道德密切相关。近年来，为了提高公共空间的活力，满足人的嬉水要求，设置亲水性较好的水景设施的公共空间较多，为此水质净化设施和杀菌设施非常重要。无论如何精彩的水景设施，要是不能确保生命安全和卫生条件，就不能算是好的水景设施。

用于滨水空间塑造的材料

以黏土・垫层・混凝土防水及人造岩为主

具荣一　技术师事务所荣一造景　CEO

一、前言

根据水本身固有的造型性、流动性、声音、光影等特点和视觉需求所形成的景观叫做水景。地球上可观察到的水景，按照水的视觉需求可以划分为 4 种形态（表 1）。

按照视觉需求区分水景设施　　表 1

区分	Basic Elements of Landscape Architectural Design[1]	造景构造学[2]	造景工程标准示方书[3]	造景设计准则[4]
平静型（淤）	static water	湖泊，水池，水塘，泉	池塘	池塘
跌落型（溢流）	falling water	瀑布，壁泉，小瀑布	人工瀑布及壁泉	瀑布及壁泉
流水型（流）	falling water	江，河，渠	嬉水池及人工小溪	小溪
喷水型（涌）	jets	造型喷泉，喷泉	喷泉	喷泉

要了解水景设施的概念和用于水景空间的材料，首先要从设计人员常用手册《造景工程标准示方书》和《造景设计准则》中叙述的相关内容开始研究。《造景工程标准示方书》和《造景设计准则》中是如下定义水景设施的。

水景设施是指包括利用机械设备或雨水回收所形成的人工池塘，利用垂直落差的人工瀑布和壁泉，利用水的流向设置多个台地的小瀑布，利用机械设备垂直喷射的喷泉，嬉水池和人工小溪等以水为主题的相关设施（《造景工程标准示方书（2008）》）。

水景设施是利用自然元素的水烘托某种空间的氛围而设置的，根据水的流动形态可以分为瀑布、壁泉、跌水、溪流、池塘、喷泉等（《造景设计准则（2007）》）。

水景设施是多个机组构成的有机系统，为了水景的顺利上演，要采用综合控制系统，出现问题时也应能让部分系统正常运转（《造景工程标准示方书（2008）》）。

水景设施要想呈现完美的水景，一定要与相关设计要素组成一个完整的系统（《造景设计准则（2007）》）。

水景设施不是独立的，而是与多个相关工程设施组成的有机系统，构成水景的设施。

1 Norman K. Booth. Basic Elements of Landscape Architectural Design, 1983：254–281
2 崔箕洙，李翔石 . 造景构造学 . 一潮阁，2003：404
3 韩国国土海洋部 . 造景工程标准示方书，2008：293–325
4 韩国建设交通部 . 造景设计准则，2007：159–168

平静型（淤），oak valley 第 4 池塘 S/B 防水施工法

跌落型（溢流）blue heron 第 12 池塘瀑布，自然石与 S/B 防水施工法

流水型（流动）蚕室地区小区内的小溪，自然石与 S/B 防水施工法

跌落型（溢流）+ 喷射型（涌），长栍坡亲水空间，花岗石和混凝土躯体防水

也可以说造景工程是土木、结构、建筑、电力、照明、机械设备、电子设备、自动化系统等所有相关工种的结晶体。为了顺利构建完美的水景，必须利用更广泛的、更多样的工种的设备和材料。设计人员和施工人员应具备考虑水景设施的性质与周边环境的协调、具体工程之间的衔接等因素，选择造景材料的能力。

二、用于水景空间的材料

对《造景工程标准示方书》和《造景设计准则》两个设计人员常用手册，按照适用水景设施的材料内容进行了比较（表 2）。

《造景工程标准示方书》和《造景设计准则》材料比较 表 2

造景工程标准示方书（2008） 第 16 章 水景设施			造景设计准则（2007） 第 12 章 水景设施		
章节	区分	主要材料	章节	区分	主要材料
16-1 水景设施 一般规定	1. 一般事项 2. 材料 3. 施工		12.2 材料	1. 泵	横轴电机马达，压缩电机马达
				2. 水中电缆	塑料绝缘，橡皮绝缘软 -VCT
				3. 阀门	手动或远程调控
				4. 管	不锈钢 -STS 管
				5. 水中照明	主机 -STS304 或黄铜铸件 / 架 - 镍铬镀金铸件 / 前盖 - 钢化玻璃或丙烯制品

续表

造景工程标准示方书（2008） 第 16 章　水景设施			造景设计准则（2007） 第 12 章　水景设施		
章节	区分	主要材料	章节	区分	主要材料
16–2 水景设施 一般规定	1. 一般事项		12.3 设计一 般规定	1. 一般事项	系统设计 ○安装 By Pass 和 water detector 自动供水 系统构建 ○降雨量及风速，风向传感器 ○供水源，水质及水量 ○躯体防水 ○水槽
	2. 材料	2.1 管线材料及零件 供水管，外接头，转换头，弯头，T 型，帽等 管道连接件，闸门阀，制水阀，过滤器，套管， 制水保护桶 2.2 喷嘴及泵 喷嘴，泵，离心泵		3. 净水设备	○Waste filter, sand filter, 净水设备，消毒，除藻设备，微生物培育设备 ○水质净化系统
	3. 施工	3.1 水景用水，供水源 3.2 水景污染防止设施 过滤装置，水质净化装置，消毒杀藻装置 3.3 管线及阀门 不锈钢钢管，橡皮环，外接头，氩弧焊接 3.4 机械设备 水中马达泵，机械室，梯 3.5 电器设备 4 相 380V 电压水栓，变压器，漏电断路器， 照明灯，照射用窗（玻璃，镜头） 3.6 防水及止水 防水用膜材，接合材料，表面调节剂，胶粘剂， 稀释及清扫剂		4. 电器设备	○水景 control panel ○水景 control panel 主电路 ○水景 control panel 机具 ○绝缘变压器 ○书中灯 ○Joint box
16–3 池塘	1. 一般事项		12.6 池塘	1. 布局 2. 平面及立面 3. 构造及设备	
	2. 材料	混凝土，自然石，管，动力设施，电力设施材料，黏土，防水施工用合成树脂，水质净化设备，水景设施设备			
	3. 施工	3.1 准备 3.2 土方工程 3.3 黏土垫层处理，黏土，碎石 3.4 混凝土 垫层处理，水密性混凝土，水膨胀止水盘， 保护胶 3.5 修筑护岸 垒自然石，造景石 3.6 给排水 溢出，净水设施 3.7 净水设施 机械设施，照明及换气设施，排水泵 3.8 表面及后期处理 混凝土面，砂浆面，瓷面，石材面，自然石面， 粉刷面 3.9 植被及鱼类 鱼类越冬保护所，岩石及石子，水草，水质净 化植物 3.10 清洁及试运行 设施概要及管理指南			

续表

造景工程标准示方书（2008） 第 16 章　水景设施			造景设计准则（2007） 第 12 章　水景设施		
章节	区分	主要材料	章节	区分	主要材料
16–4 人工瀑布及壁泉	1. 一般事项		12.4 瀑布及壁泉	1. 布局 2. 立面及平面 3. 构造及设备	
	2. 材料	混凝土，自然石，人造石，FRP 人造岩，GRC 人造岩，合成树脂材，其他材料			
	3. 施工	3.1 挖地基及基础 3.2 垫层处理 3.3 护岸修筑 泉，造景石，壁泉及人工瀑布，FRP 人造岩，GRC 人造岩，铁构筑物，地脚螺栓，防锈粉刷 3.4 给排水及水处理 供水管，不锈钢钢管，机械室，退水阀门，潜水泵 3.5 净水设施 3.6 照明 3.7 表面及后期处理 透水性地面铺装材料 3.8 植被 亲水性植被素材 3.9 安全设施 耐久性，安全性，防范措施			
16–5 喷泉	1. 一般事项		12.7 喷泉	1. 布局 2. 立面及平面 3. 构造及设备	
	2. 材料	喷泉构造体，喷水器具，阀门，管线材质，喷嘴，泵，过滤器，水位调节设备			
	3. 施工	3.1 挖地基及基础 夯地基，确定毛石，subslab concrete，基础钢筋 3.2 构造体 隔片，watertight concrete 3.3 管线及零件 弯头，溢出，过滤器，水中管线，连接箱，橡胶包装 3.4 机械设施构筑物 给水及换水动力泵，过滤设施，照明设施，台阶，中央调节设备，排水集水井，换气口，关闭装置 3.5 电力及照明设施 照明机，泵，水中照明器具，回路漏电接地断路器 3.6 表面及后期处理 水密性带黏性特殊水泥 3.7 维护及试验			
16–6 嬉水池及人工小溪	1. 一般事项		12.5 小溪	1. 布局 2. 立面及平面 3. 构造及设备	
	2. 材料				
	3. 施工	系统化的净化设备			
关联示方书	第二章 修整场地 第三章 给水及排水 第四章 造景构筑物 第九章 河流 第十章 生态池塘及水质净化人工湿地 第十二章 建造生物栖息地		关联章节	第四章 用地造型 第八章 排水设施 第十六章 景观照明设施 第十七章 给排水设施 第十八章 造型构筑物 第二十三章 生态系治理 第二十五章 建造环保园区	

通过设计案例和乐天欢乐世界、oakvalley 旅游区、ogeunm 公园亲水空间施工案例，重点分析塑造精彩水景必备的两个要素。这两个要素分别为：一是相当于水容器的水槽或影响池塘的形态的防水材料（躯体防水，垫层防水，黏土（S/B）防水）；二是水景设施的核心景观要素之一的人造岩 F.R.P、G.R.C 材料。

三、防水材料

根据水景设施的功能及形态，防水施工法和后期面层处理有所不同。后期面层和水边处理采用黏土、混凝土、自然石、人造岩、加工石材、碎石、砂、瓷砖、木材等多种材料。选择材料时应着重考虑与周边环境的协调、色彩、质感、耐久性、经济性、便于维护等因素。防水的施工方法及用料是根据造景、建筑、土木等工程性质而有所不同。但适用于造景工程的防水施工法大致分为黏土防水、垫层防水、混凝土防水。黏土防水和垫层防水适合自然曲线的水景设施，混凝土防水适合直线或带角形态的水景设施。[5]

（一）防水材料的种类

1. 黏土防水

- 黏土 (clay)
- Soil Bentonite(S/B，S/B/C)
- ESS-13 防水[6]等

2. 垫层防水

- 橡胶模材料—合成橡胶系
  异丁橡胶垫层
  三元乙丙橡胶（E.P.D.M）垫层—热塑性合成橡胶系
  热固性合成橡胶系
- 塑料膜材料—合成树脂系
  氯磺化聚乙烯（Chlorosulphonated Polyethylene）垫层—聚氯乙烯材质
  P. V. C 垫层（Poly Vinyl chloride）—氯乙烯材质
  C. P. E 垫层（Chlorinate Polyethylene）—热塑性聚乙烯材质
  E. C. B 垫层（Ethylene Copolymer Bitumen）—热塑性塑料材质
  E. V. A 垫层（Ethylene Vinyl Acetate）—乙烯材质
  H. D. P. E 垫层（High Density Polyethylene）高密度聚乙烯材质

3. 混凝土躯体防水

- 砂浆防水
- 防水液防水
- 沥青涂抹防水

（二）黏土防水材料

黏土是岩土经过长时间风化形成的多种细微粒子组成的混合体，吸附着阳离子相对稳定，可塑性和黏性较强。黏土颗粒吸附水分子后带有吸湿性。黏土根据化学成分的不同可分为高岭石、蒙脱石、伊利石、埃洛石、膨润土等，并且根据吸湿性强弱，透水系数也有所区别。

膨润土不仅在韩国的庆州地区，也分布在世界各地。但用于防水的膨润土主要分布在美国中西部怀俄明州的黑山地区、澳大利亚和中国。膨润土是

膨润土原石 –USGS
（来源：Wikipedia）

美国怀俄明州黑山地区露出的膨润土矿脉
（来源：Wikipedia）

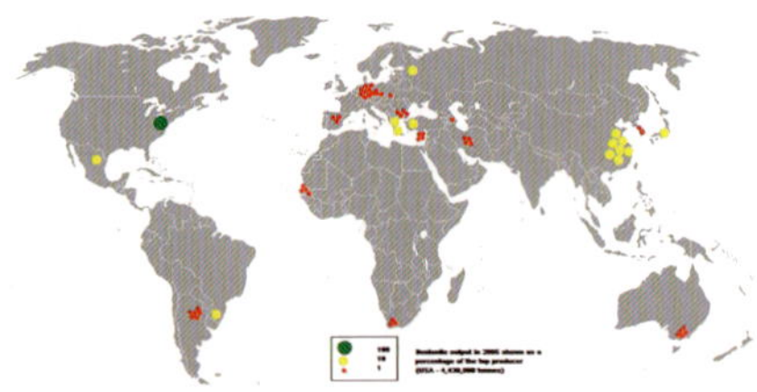

世界膨润土产量 2005
（来源：Wikipedia）

火山灰分解后的可塑性黏土，主要的矿物质是蒙脱石，还包含少量的长石和石英。因此，膨润土的矿物特性与其他黏土相比具有阳离子交换能力高、在水中成胶质状、体积膨胀至 5 ～ 16 倍的特点。膨润土不仅是晶体结构，还具有 Na^+、Ca^{2+}、Mg^{2+} 阳离子，因此解体后与水结合时，阳离子影响膨润土的性质。钠基膨润土不仅具有凝胶化、触变性、可塑性、润滑性等特点，还具有较高的剪断力和压缩强度以及防透性，因此应用于土木及建筑的隔断墙、池塘的防水工程。钙基膨润土在加热至 400℃～ 1400℃时，吸湿性增大，用于土壤稳定剂，废弃物的分解。不仅如此，也可以通过对这些膨润土进行加热，去除 Fe、Al、Mg、水分等挥发性成分，盐酸等化学药品处理，都能制造出多样的膨润土产品。[7]

由于膨润土的这些特性，它应用于从化妆品到食品、药品、宠物垫、家禽饲料、尿不湿、防水剂、金属铸剂、陶瓷、纸、漂白剂、吸附剂等各种领域，与我们的生活息息相关。

1. Soil Bentonite 防水

膨润土施工法有比混凝土施工更环保、不必设置暗渠、更简单自如等优点。在我设计、监督的 700 俱乐部高尔夫球场（现在的 blueheron）和 oakvalley 高尔夫球场（1998 年竣工）工程中首次应用，经过多年实践，也广泛应用于最近的很多水景设施。

Soil Bentonite 防水（简称 S/B）是根据现场条件，把筛选的土壤和一定量的膨润土粉末按照一定的比例搅拌后铺设并夯实，施工至保护层的防水施工法。Soil Bentonite Cement(简称 S/B/C) 是将土壤和膨润土粉末、Cement 按照一定的比例搅拌后，用在溪流、瀑布等有水流的部位或自然石、碎石、管线等相接的固定部位，其效果更佳。

2. Soil Bentonite 防水施工法施工程序

- 土木工事——场地修整工程
- 土木工事——夯实地基
- 给水、排水、管线铺设工程
- Soil Bentonite 铺设工程
- 保护层铺设工程
- edge 工程（必要时铺设自然石等后期装饰工程）

---

5 崔箕洙，李翔石 . 造景构造学 . 一潮阁，2003：436

6 李商在 . 高尔夫路线池塘建造工程 . 造景施工第 38 号（2007 年 10 月）：98-103。湖泊或高尔夫球场内的池塘漏水时，利用植物性树脂 环保物质 ESS-13 和土，不必更换防水素材的有利于维修工程的施工方法

7 文智慧等 . 国产钙基膨润土内含有机碳素的水溶性 . 韩国废弃物学报（第 16 卷第 3 期）

施工中的 S/B 施工法，Oakvalley 9 号池塘

竣工后的 S/B 施工法，Oakvalley 9 号池塘

以 S/B 施工法塑造的沙滩岩岛，Blueheron 14 号池塘

以 S/B 施工法塑造的自然型小溪，Oakvalley 俱乐部瀑布流向高尔夫球场地

3. Soil Bentonite 防水施工法特点

- 优点：优越的造型性

  对人体无害，环保

  突出的耐久性—永久性

  经济性（短期施工，需要最少的设备，不需要表层装饰）

  便于施工（简单工程，气温—季节影响少，便于检测）

- 缺点：不太适用于松软地基及地下水位高的地区，需要特殊处理

暗渠设施工程，Oakvalley5 号池塘

（三）垫层防水

传统黏土防水材料在黏土的采购及运输等环节中，需要投入高成本。因此，在低投入大面积的池塘建造中，取而代之的是混凝土防水。垫层材料的初期产品存在紫外线引起的漏水等问题，为解决此问题而开发的材料按照时间顺序依次为 E.C.B、E.V.A、H.D.P.E、E.P.D.M、S/B 防水。

防水垫层铺设工程，Oakvalley5 号池塘

1. 主要垫层防水材料

表 3

主要垫层防水材料比较[8]

区分	C.P.E	E.C.B	E.V.A	H.D.P.E	E.P.D.M
材料	Chlorinate Polyethylene	Ethylene Copolymer Bitumen	Ethylene Vinyl Acetate	High Density Polyethylene	Ethylene Propylene Dieme Monomer
引张强度	110kg/cm² 以上	160kg/cm² 以上	160kg/cm² 以上	270kg/cm² 以上	110kg/cm² 以上
伸张率	500% 以上	600% 以上	600% 以上	700% 以上	500% 以上
引裂强度	50kgf/cm 以上	60kgf/cm 以上	60kgf/cm 以上	126kgf/cm 以上	50kgf/cm 以上
低温弯曲性	-40℃，30 分钟	-30℃，30 分钟	-30℃，30 分钟	-70℃，30 分钟	-40℃，30 分钟
连接施工方法	热固性连接	热固性连接	热固性连接	热固性连接	- 热可塑性热固性连接 - 热固性 RTV,Bond 连接
试验方法相关规定	KSF4911-95 合成高分子系防水垫层	KSF4911-95 合成高分子系防水垫层	KSF4911-95 合成高分子系防水垫层	ASTMD 638 ASTMD 1004	KSF4911-95 合成高分子系防水垫层

E.P.D.M 垫层防水竣工后，Oakvalley5 号池塘

2. 垫层防水施工法施工程序

- 土木工事—场地修整工程
- 土木工事—夯实地基
- 暗渠设施工程
- Air-vent 及给水、排水、管线铺设工程
- 防水垫层铺设工程
- 保护垫层的无纺布铺设工程
- edge 工程（避免不了混凝土躯体工程、自然石、石材等后期装饰工程）

垫层防水 edge 工程，避免不了遮挡和装饰自然石、石材等混凝土躯体的后期工程

3. 垫层防水施工法施工特点

- 优点：耐药品性、耐候性良好
  材料伸缩性—只能抵挡轻微的松动
  对人体无害
- 缺点：紫外线照射引起的漏水
  连接部、粘贴部位容易出现漏水
  耐久性，只在材料保修期内
  抗外力及冲击较差（采用垫层材料要慎重，需要另设保护层）
  非经济性（垫层材料价格低廉，工期较长，需要大量设备，还要进行 edge 后期处理）
  施工复杂不便（工程复杂，气温—季节影响大，检测难）

四、人造岩材料

（一）F.R.P（Fiber–glass Reinforced Plastic）玻璃纤维增强塑料人造岩

F.R.P 是在玻璃纤维或其他增强材上添加非饱和聚酯树脂后，叠层、整修后形成的复合塑料人造岩。普通 F.R.P 是以玻璃纤维为主要增强材的增强塑料，但是随着技术的发展，增强材和树脂的类型不断增多，可以生产碳素纤维增强塑料、硼纤维增强塑料、聚酰酪纤维增强塑料等多样产品。

1. F.R.P 的一般用途

F.R.P 从安全帽到鱼竿、汽车配件、电子配件等应用于多个领域。另一方面，在造景领域以杨花大桥瀑布（1979 年）为起点，相继在小公洞乐天人工瀑布、水滑道、乐天游乐世界的游戏设施、造型物中广泛应用。但是无节制使用、遍地的小作坊、豆腐渣工程、环境污染等问题，使 F.R.P 成了甲方和设计人员都忌讳的材料。[9]

乐天世界主题公园（F.R.P 巨大树木）

2. F.R.P 人造岩的特点

- 优点：优秀的造型性
  轻巧、易施工
  优越的耐久性
- 缺点：抗火能力差（不宜设在室内）
  玻璃纤维是不燃材料，报废困难，外露时导致皮肤炎症
  质感与造型上与自然材料不同
  厚度薄，敲打有声音
  两年一次需要补漆（在紫外线照射下出现掉色、变黄等现象）
- 优缺点：–T=5~10mm/15~17kg/m^2——人造岩标准

杨花大桥人工瀑布（F.R.P 人造岩）

乐天世界 magicislan Dancing water 喷泉（F.R.P 人造岩）

（二）G.F.R.C（Glass–fiber Reinforced Cement）玻璃纤维增强水泥人造岩

G.F.R.C 也简称 G.R.C，是玻璃纤维增强水泥。它是以普通硅酸盐水泥，不含黏土及有机质的砂，经过耐碱性处理的特殊玻璃纤维为主原料，加上不

8 金治年. 高尔夫球场池塘建造技法研究. 祥明大学博士学位论文，2002：32–44

9 黄龙得. 造景设计、施工时应考虑的材料特点. 环境与造景.1996，1（93）：136–141

含盐类及有机物等有害成分的水和用于混凝土的混合材料制作成的人造岩。自然环境与资源的破坏、环境污染所导致身心健康等问题严重的当今，对 G.R.C 的需求不断增加。[10]

1. G.R.C 人造岩的特点

- 优点：不燃性、无毒性（可以室内设置）
  优秀的造型性
  耐磨性、耐冲击性
  多样的表面质感及色彩后期处理
  环境污染中的耐久性
  便于维修（白化现象需要部分维修）
- 缺点：比 F.R.P 人造岩重，需要设备作业
- 优缺点：$-T=20 \sim 30mm/50 \sim 60kg/m^2$

2. G.R.C 人造岩的制作工程 [11]

基本构思 → 确定形象 → 现场模具开采制作 ↓ 涂抹离型剂 → G.R.C 叠层 → 设定补强铁物 ↓ 阴干 → 拆模 → 检查 ↓ 阴干 → 出厂

3. G.R.C 人造岩制作设置

铁骨工程（Anchor set + 设置基本铁骨）→ 沾 G.R.C（焊接）→ 检查外观 ↓ 设定处理（水泥 + 有机纤维 + 色素）→ 上色工作（基本润色 + 喷料润色）

尽全力调和质感和色相，将 G.R.C 人造岩与自然石搭配建造的 Ogeum 公园亲水空间瀑布与小溪

乐天世界 Flume Ride 周边的 G.R.C 人造岩

最近在韩国的部分施工现场，为了解决 G.R.C 人造岩的制作、设置过程中存在的问题，开展了多项改善工作。G.R.C 人造岩的设置现场，为了解决涂料在紫外线作用下的掉色及变形问题，尝试在 G.R.C 制作过程中直接添加天然色素，制作具有半永久色相的 C.G.R.C(natural Color Graphic Resource mixing Cement)。且为了解决人造岩板连接部位出现色裂及移位所造成的变形问题，尝试在人造岩与钢构造体之间，隔一段距离设置网状物，并在其中填充增强材形成半永久性人造岩的施工方式。[12]

10（株）乐天酒店等 . 乐天世界建设志，1990：630–631

11 釜山乐天世界建设总部 . 釜山乐天世界建设志，1998：408–410

12 权朱骆 . 独有的技术力直接就是专利 . 造景施工 . 2007,5（33）: 62–65

13 Di Giacomo 照片来源：Landscape architecture.The Magazine of the ASLA，2000，8：8

焊接作业

铁骨工程

粘贴 G.R.C 人造岩

粘贴 G.R.C 人造岩后 JOINT 处理（上色作业前）

G.R.C 人造岩工程竣工（Ogeum 公园亲水空间

Di Giacomo 游泳场[13]

Di Giacomo 的 canyon

Di Giacomo 的 Artlake 高尔夫球场

Di Giacomo 的 LA 动物园

其他国家的人造岩品质远远优于韩国。通过对自然岩石的地质学成分分析，并在人造岩的材料中添加那些矿物质，无论是质感和色相，甚至成分也接近于自然岩石。

五、结语

从以上对应用于水景设施的材料的考察中可以看到，水景设施不是独立的造景设施，应与其他工程设施共同组成一个有机系统。因此，为了构成绚丽的水景，利用更广泛的工程技术和材料是必然的。设计人员、施工人员、监督人员要培养通过了解水景空间的性质、周边环境、材料特点，选择材料的能力。

决定水槽和池塘形态的是防水材料，通过对躯体防水、垫层防水、黏土（S/B）防水材料的全面分析，认为防水施工法和地面后期处理材料的选择，将影响水景空间的景观质量。因此，这些材料的选择是非常重要的过程。Soil bentonite 防水材料自从十余年前开始应用于韩国的造景领域以来，创造了不少水景空间，确立了环保施工法和材料的地位。但是对现场混合使用的土壤的物理性、化学性和水质污染及氧化相关的 N 和 P 的分析；膨胀土的最适宜的量与混合比例等设计标准；计算工程造价的标准；由于全部进口所导致的稳定供应等问题是亟待解决的课题。

在自然环境与资源的破坏、环境污染所导致身心健康等问题严重的当今，对 G.R.C 人造岩的需求会不断增加。在造景设施中水景空间是不可或缺的，它的造型性也是公认的，但是在现场能检测到的设定曲面标准；人造岩的厚度、颜色、构成成分的设计标准；预算标准等又是一个要解决的课题。

来看一下最近在报纸和电视广播中经常谈到的韩国国家事务和地方事务。“盘活四大江工程”、“汉江 Renaissance 工程”、“Waterfront 工程”、“地方河流整治工程”、“生态河流建造工程”、“河流复原工程”、“亲水空间建造工程”等所有工程的位置和规模、预算、时期、甲方都不同，但有一个共同点，就是水。这所有的工程，终究是我们造景人员所接触的水景空间，是我们设计、施工、维护、管理的对象。淤、跌落、流淌、喷涌的不正是水景空间的水景设施吗？通过这次重新感觉到了。

“造景人啊！开始虽然微弱，但结尾会很壮大！这些肯定是我们造景的范畴。有关水景空间的都是我们的事情，切记。”

盘活四大江工程（洛东江流域鸟瞰图）

麻谷地区滨水空间

第二章　水景设施设计·施工·管理注意事项

第二章是专门介绍专家对喷泉、壁泉及小瀑布、池塘等各水景设施设计、施工、管理时的注意事项的文章。希望这些专家的技术经验，对相关技术人员有所帮助。

对于没有经验的设计者来说，事先学习水景设施设计中的常见错误，避免犯下同样的错误。对于施工人员来说，更系统地整理施工及管理时的注意事项，为他们提供了共享技术经验的平台。此外，还希望有助于需要系统了解水景设施的所有造景界人士。

喷泉设计·施工·管理注意事项 / 金奉振（Kim, Bong Jin）

人工瀑布、壁泉、小瀑布设计·施工·管理注意事项 / 金祐镇（Kim, Woo Jin）

生态池塘设计·施工·管理注意事项 / 李昌炯（Lee, Chang Hyung）

人工植物岛设计·施工·管理注意事项 / 权五柄（Kwon, O Byung）

SCAPE

喷泉设计·施工·管理注意事项

造型喷泉、旱地喷泉、音乐喷泉、高射喷泉为主

金奉振 Myrrh Water Design(株) CEO

本文是将关于喷泉设计及施工管理阶段应注意的技术性内容，传递给施工技术人员和学生以及设计人员。

在过去，喷泉只是作为造景空间的附属要素来规划设计施工的。但当今，社会对外部空间认识度的提高，出现了多样的大规模喷泉。已经超越了只作为造景空间附属要素的地位。

从世界喷泉的发展趋势来看，也是向大型化、构成多媒体及 Fusion art 发展。典型案例有投资 281 亿美元在迪拜建造的人工湖内的喷泉（2009 年 3 月竣工）。与大型化趋势不同，在城市的各个角落都能见到小型喷泉，尤其是喷泉形态从之前的水槽喷

泉向旱地喷泉转变，甚至是音乐喷泉也向旱地喷泉形态转变。这样的发展趋势对设计人员来说是很大的启示。

什么是喷泉？

喷泉（喷水）的文字解释是“喷发出的水”。自然状态的水是通过从高到低的重力势能的转换寻求平稳。相反的，喷水是违背自然规律，通过电气能量破坏平稳的水态。

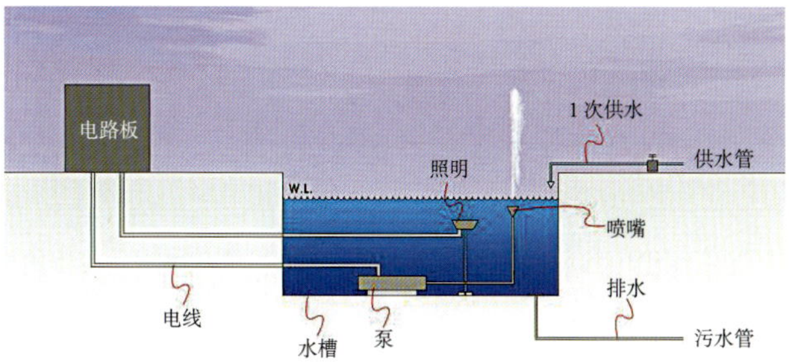

那么人们违背自然规律，建造喷泉、观赏喷泉的理由何在呢？应该是喷泉的正面要素所致。首先，通过视觉和听觉传递清凉感。其次是大气环境方面，有出色的吸尘效果，且影响微气候，降低温度。比这更重要的是，水是人体的重要组成部分。从有生命开始，在妊娠过程中感受着羊水的敬畏和亲近感，这可能一直影响着水与人的关系。所以即使喷泉存在投入大量人力和物力建造、运营的缺点，却仍然被人们建造得越大越绚丽。

喷泉的原理

喷泉似乎看起来就是一个简单的喷嘴，但为了让水能动起来需要具备一个由管线、机械设备、电力等组成的完整系统。

喷泉的基本系统要由喷水的介质——水、容纳水的水槽、给予动力的机械设备——泵、运送通道——管线、决定喷出形态的喷嘴、构成夜景的灯光组成。还应具备供电及给排水系统，形成一个完整的系统。

近来的喷泉系统还增加控制、电子、音乐、造型艺术、多媒体等更复杂的内容，变得更加绚丽多彩。

造型喷泉

造型喷泉是指与造型物搭配建造的喷泉，也指喷出的形态具有造型的喷泉。

1. 设计注意事项

造型喷泉具有象征性，因此采用简单的形态较好。虽然喷出的水景也可能具有象征性，但一般都是与造型物搭配建造的，所以喷泉的呈现要与造型物联系起来。很多造景设计人员只看重漂亮的造型，较少考虑相关施工问题。

为了减少施工时可能出现的问题，事先要与喷泉设计方充分沟通，且把协调好的内容图示化。难以图示化的内容要在说明书中标明，如施工顺序及设置方法等内容。

后期材料也很重要。尽量不要选择与水产生反应、影响使用寿命的材料，没有其他选择时要事先做好相应的对策。造型喷泉的夜景也比较重要，因此照明的布局和照度也非常重要。

电路板的布局也非常重要，大部分都是布置在绿化带内，显而易见并且发生突发事件时能及时应对的位置。

石材作为后期面材时，白化现象对造型喷泉来说是致命的。尤其是黑色石材被白化之后变得非常丑，要做好混凝土防水。

2. 施工注意事项

大部分造型喷泉没有详细图纸。在这种情况之下，施工人员只能面对困难，自我解决施工的现象是比较常见的。在此过程中需要重新投入人力和物力，增加无谓的工程费用。比较常见的是加工尺寸和现场的设置尺寸不相符，只能在现场重新加工的情况；还有因没有明确标注怎么导入电源，竣工之后经常出现互相串线的情况。因此必须通过相关部门之间的充分沟通，确定详细图纸之后进行施工，才能避免不必要的失误。

在公建和小区内设置造型喷泉时，经常与雕塑家意见不合，施工时面临种种困难。大型的造型物需要稳固的基础是理所当然的，但缺少基础设计只能是通过专业之间的沟通解决。

施工后期要考虑到白化现象。投入运营后持续出现白化现象，如采用黑色石材要采取预防措施。

3. 管理注意事项

造型喷泉的管理注意事项可以分为启动时和停止时来考虑。启动期间的管理重点是为了保持一定的水质，把握好换水周期，还有定期检查电路，确认机械设备。停止期间杜绝人员进入无水的水槽内破坏机械设备，同时要考虑如何处理无水时期的景观。

旱地喷泉

旱地喷泉是水槽喷泉的相对概念，是在水槽喷泉上加上盖子，避免水槽内的机械物暴露在外的喷泉。比较一下两种喷泉，能更好地理解它们之间的区别（表 1）。

表 1

区分	优点	缺点
水槽喷泉	- 安装 / 清理方便 - 投资相对较少 - 可以呈现多样的水景	- 影响冬季景观 - 机械设备破损可能性大
旱地喷泉	- 停止期也不影响景观，可以利用为广场 - 阻止污染物质的侵入 - 观看的同时，可以直接与水接触	- 施工费用相对较高 - 安装 / 清理较难

1. 设计注意事项

旱地喷泉只要能确保一定的地下空间，就可以设置在任何地方。大部分旱地喷泉都设置在公共活动空间，这完全符合它的跳跃性。水景空间不仅能提供使众多儿童可以尽情玩耍的空间，还能提供陪同看护人员的休憩空间，是最好不过了。设计过程中旱地喷泉的位置确定之后，就要选择结构。旱地喷泉的结构有两种：一种是上部有盖的；另一种是只设置垂直支撑物的。

上部有盖的结构是下面只有垂直梁，因此维修和清理比较方便。但地面汇水面积较小，只能单独设置回水系统，这点在设计中非常重要。在实际的案例中经常看到因忽略回水问题，而出现水溢流至周边的情况。

确定了旱地喷泉的结构，就要选择喷出的形与喷嘴。最近常用的都是高价的“安全喷嘴”，只是在喷水时显露出来。有些公司的技术已经达到了可以通过“安全喷嘴”呈现与水槽喷泉相同喷出效果的程度。

对旱地喷泉来说选择表面后期材料至关重要。首先要与周边的地面铺装协调。其次是选择不易滑倒、不易破碎的强度和厚度都达标的材料。这是因为旱地喷泉不只是观赏的，也是人与水亲密接触、尽情享乐的设施。所以，地面喷泉的水质尤其重要，必须设置水质净化系统。

同时，也便于维修和清理，确保足够的空间。不能确定准确的尺寸，但大型旱地喷泉至少要确保人可以进入进行清理和维修。小型旱地喷泉的喷嘴上部盖子要便于打开进行维修。

防水受费用和施工难度的影响，常采用液体防水，但是考虑对人体皮肤的有害性，采用环氧及 FRP 等防水材料。

为维护水质而采取的污水处理及回水处理是设计过程中容易漏掉的部分。喷出的水要通过回水系统再利用，不能让周边的雨水流入旱地喷泉的水槽污染水质。

水槽内的地面要设置坡度考虑排水问题。这也是为了便于清扫，排水口或泵吸水口的坡度要大于 2%。

2. 施工注意事项

第一，施工过程中防水是重要的环节，一般出现漏水的原因在于没有外墙防水，只有内墙防水。应对这个问题，要在外墙覆土之前采用膨胀率较好的防水材料，可以解决漏水的根本性问题。还有一种漏水是在固定垂直支撑物或机械设备时发生的，这时可以通过调整工程的先后顺序来解决，不可避免时可以使用化学锚栓解决问题。

第二，机械设备的固定要牢固可靠，又要便于今后维护管理，避免出现打扫底部沉淀异物不便的情况。

第三，铺设表面材料都是选用石材，虽然都是在工厂加工的板石，在厚度上也有不同。调整板石的凹凸不平，一般在板石下方铺设枕垫，枕垫主要采用天然橡胶。枕垫要粘贴在板石下方，清理和管理时抬出板石也不会丢失或也没有必要重新找平。对板石上缘要切去 7 ~ 8mm 斜角，可以预防边角破碎，便于施工，也可以掩饰高低不平的瑕疵。

第四，旱地喷泉中的机械设备是埋设在地下的，后期设置的电线大部分是杂乱无序的放在槽内，给清理水槽带来不少麻烦。因此在内部设置专门的管线槽，便于管线的设置与管理。

第五，水质净化设备非常之多。要从管理的方便程度选择和设置净化设备。在没有管理人员的水槽中设置氯投入器，经过一段时间后将不能维持水质，而且净化设备也会出现故障。因此，根据是否有长期的管理人员，重新选择和安装净化设备。

第六，旱地喷泉都有很深的水槽，大部分采用机械排水。但有条件时，尽量采用自然排水和机械排水并用的方式，这是出于减少管理费用的原因。前期利用自然排水方式排出大部分水量，剩余的少量水用机械方式排放，会降低不少的管理费用。

3. 管理注意事项

旱地喷泉管理工作中最重要的是维持良好的水质。不同于其他喷泉，旱地喷泉是要与玩耍的儿童直接接触的，类似于水上游乐设施，因此净化系统的管理是必需的。旱地喷泉的电力、机械设备、管理都与普通喷泉相同。只是要定期检查上盖和支撑件是否破损，在确保设施安全方面有所不同。

冬季管理中常出现问题的部分是电磁阀。电磁阀是电子的开闭阀，在没有完全排完水的情况下容易发生冻裂。电磁阀经常发生冻裂的原因就在于，只排完水槽内的水，没有排完被上盖遮挡部分的水。

音乐喷泉

音乐喷泉可以看作是随着音乐节奏呈现美丽水姿的喷泉。喷出方法有专业人员一边欣赏音乐一边人工操作的方法和根据音乐的高低起伏变化自动喷出的方法，这两种方法都有优缺点。自动喷出的模式较少，这是因为无论科技再怎么发达，对音乐的理解和感受也无法用电脑来替代。因此，大部分的音乐喷泉还是由专业人员来管理和操作。

对音乐喷泉来说，比安装更重要的是对它的管理。从这角度想推荐的是金海市莲池公园的音乐喷泉。这里常驻着音乐专业人士，使喷泉通过更丰富的活动和歌曲与市民融为一体。

1. 设计注意事项

音乐喷泉设置在自然湖泊、人工湖泊、水槽喷泉的比较常见，但近年来在旱地喷泉中采用音乐喷泉的案例也有不断增多的趋势。产生这种变化的最大原因是为了减少停止期间对景观的影响。其次是技术的发展提供了在旱地喷泉中也能呈现多样水姿的条件。

在旱地喷泉中最具代表性的是最近竣工的釜山市沙下区多大浦海水浴场的“梦的落日喷泉”。24种多样的小喷水群比普通的水槽喷泉更具有景观效果，算得上是一个革新的喷泉。

音乐喷泉首先是有声音的喷泉，在选址时一定要慎重。因此可以通过构建只停留在必要空间的音响系统，或者选址时避开可能产生影响的区域。

音乐喷泉不同于其他喷泉，由更复杂的系统组成。首先要具备音响系统，还需要随着音乐呈现水姿的控制系统。因此需要控制的空间，且选址在直接能看得到的地方，这样才能边看边进行控制。没有适当空间不能直接看到时，要设置视频监控，通过画面来确认呈现的情况。控制室内还要设置空调设备，降低大量电子设备散发热量上升的温度。

2. 施工注意事项

音乐喷泉的操控系统非常复杂，需要多条电力电缆线路。因此，铺设管线时除所需管线外，还要增设 1.5 倍以上的管线，作为备用管线。

音乐喷泉中自控是关键，为了确保自控的准确性，除了需要切断一切通信障碍信号的基本设计之外，还要提供施工的条件。

音乐喷泉的音响设备中，音箱的配置和位置非常重要。在较大空间中设置音箱距离较远时，设置时间差来消除延时混响声。

同时也要选择好多媒体的位置。受到现场条件的制约，不能按照设计图纸来安装时，避免激光、探照灯及投影仪等刺眼光线直接照射到人的眼球，影响观赏音乐喷泉的美丽夜姿。

3. 管理注意事项

最近几年，一般城市中都建起了一两个音乐喷泉。但是由于缺少管理，被人遗忘的比较多。对于音乐喷泉来说不仅建设费用高，而且后期的管理费用也不能小视。有条件的要选定管理方，从投入使用开始就是全程管理，充分体现音乐喷泉的价值。

高射喷泉

高射喷泉按文字解释就是往高处喷射的喷泉。那么射多高算是高射呢？这个答案不是那么好回答。按照习惯，在城市中心喷射高度超过 15m 时，

在开敞的湖泊等地喷射高度超过 50m 时可以称为高射喷泉。高射喷泉一般设置在湖泊的情况较多，具有代表性的案例是设置在城山大桥边的 2002 世界杯喷泉。

1. 设计注意事项

高射喷泉的设计中最重要的是设定喷射高度。喷射高度要根据主要景观点和线的视觉角度确定。在开敞水面设置高射喷泉时，根据水面的宽度、风向、风速确定喷射高度，避免喷射的水花散落到人群中。

从技术层面来讲，高射喷泉采用的是潜水泵，因此要确保水深。而且大多数高射喷泉基本采用的是浮力式，设计计算浮力满足结构和造型的同时，也要便于维护管理。

2. 施工注意事项

高射喷泉自体重量较重，因此喷泉与浮力体连接非常重要。而且浮力式高射喷泉，要考虑喷泉的流动性，光缆的长度要留有余地，避免光缆承受过大的拉力出现故障。

喷泉的启动采用软启动方式或变流器避免突然性的电力消耗，这是保护水泵的性能和节省电力的好方法。

3. 管理注意事项

高射喷泉需要定期的维护管理。高射喷泉的电耗极高，因此在启动前要接受电力专业人员的检查。自然湖泊内设置的喷泉可能会受到湖泊内生命体侵袭，导致喷射性能下降。从根源上解决此类问题较难，但可以通过定期的清理，有效遏制相关问题的发生。

以上是根据经验整理的关于造型喷泉、旱地喷泉、音乐喷泉、高射喷泉的内容。希望能对从事喷泉设计、施工、管理工作的人员有所帮助。

ilove0708@hotmail.com

人工瀑布、壁泉、小瀑布设计·施工·管理注意事项

利用地形高差上演跌水

金祐镇　Plus Fountain（株）　CEO

人工瀑布、壁泉、小瀑布都是利用高差呈现水景的跌水型水景设施。“水往低处流”是自然的基本规律，自古以来跌水与溪流、池塘一样深受人们的喜爱。

在著名的自然景观中都可以看到瀑布、壁泉、小瀑布的原型，对美丽自然水景的感叹和喜悦以及想象是通过模仿和再现转变为水景设施。人工瀑布、壁泉、小瀑布的趣味、样式、魅力不如音乐喷泉和旱地喷泉，但它们独特的空间感和表现力以及规模都是独有的特性及魅力。

城市开发建设中经常要设置护坡及挡土墙，考虑景观层面经常通过跌水性水景设施起到美化作用。通过不断摸索，还出现了壁泉与音乐喷泉相结合的音乐壁泉、喷嘴型水幕壁泉等各式各样的水景设施。

一、人工瀑布、壁泉、小瀑布设计

设计一般过程

人工瀑布、壁泉、小瀑布设施以利用高差呈现水景为特征。与喷泉设施不同，构造和后期表面决定设施的个性呈现。因此，除了设计造型之外，还要了解构造及后期材料的相关知识。

人工瀑布、壁泉、小瀑布的设计顺序如下：

1）选址及确定水景类型

2）构造物形态及后期表面设计

3）形成的跌水形态及方式规划

4）计算水力，确定设备款式

5）管线设备和电力设计

人工瀑布和壁泉设置在护坡和挡土墙的案例较多。设置前要对安全性进行充分的论证，之后根据对象的景观和空间利用特性，确定水景设施的形态与呈现形式。尤其是考虑跌水的高度和底部水槽的面积，确定跌水形态及跌水量，以避免飞散的水花及跌水噪声影响观赏水景的人群。

构造物的形态及后期表面设计要事先与相关部门充分沟通，与周边的建筑物和自然环境相融合，达到视觉上的统一。水景设施根据后期表面材料的不同，可呈现不同的风景。尤其是可以通过调整溢流口的断面形态和截水沟的设计，上演各式各样的水景。

呈现景观的壁泉

梁山勿禁住宅开发地区壁泉

灵光草丛花园人工瀑布

牙山排芳地区 Orzen 住区壁泉

竹田 新世纪百货 造型壁泉

对使用GRC人工岩的人工瀑布来说，为了营造具有自然感的造型，设计要详细，并且制定色调标准，减少异质感。根据人工瀑布、壁泉、小瀑布的形态及呈现计划，进行数理计算。数理计算主要的变数是溢流口的长度、溢流板的厚度、落水高差等。

以数理计算得出的流量为依据，确定管线材料及泵等设备款式。往往通过计算得出的流量和实际施工时的流量有所差别，设计人员要通过现场访谈缩小理论与实际的偏差。

确定流量和设备款式之后，进行管线和电力设备设计。

管线设计尽量减少弯曲，通过合理布局减少资源浪费，便于维护管理。同时，一定要考虑净水过滤设施，提供便于管理用水污染的条件。另外，为了弥补跌水型水景的单调，可以采用在上部或下部水槽中设置喷嘴混合利用的方法。

江原乐园 人工瀑布

二、人工瀑布、壁泉、小瀑布施工

对于人工瀑布、壁泉、小瀑布的施工来说，与构造物相关联的部门必须进行事先沟通和协商。

同上述内容，设置时要进行构造安全性与影响的论证。关于躯体及后期工程，要提示与呈现水景密切相关的注意事项。

尤其对人工瀑布的施工来说注意事项是非常必要的。人工瀑布大部分是形成非定型性的形态，只依靠设计图很难理解整体的设计。因此，施工人员在施工之前最好绘制竣工后的表现图及主要部位的详细图纸。人工岩的形态一定要与周边的地形及岩石的形态相协调，色彩的选择也要与周边形成统一。

壁泉、小瀑布比人工瀑布溢流板少，溢流口的长度过长时，可能会出现溢流状态不均的情况。这时要调整好溢流口的石材表面的高度，均匀布置上部喷嘴，使溢流比较均匀，同时确保溢流板的厚度也利于溢流均匀。

乌山水清社区公园人工瀑布

壁泉、小瀑布中常出现的问题是由构造体白化现象造成的堆积物及表面的污染。虽然从源头上遏制白化现象比较困难，但是通过石材表面的干打垒，可以遏制表面污染。同时，从混凝土躯体施工开始，就要采用相应的措施。

三、人工瀑布、壁泉、小瀑布管理

与喷泉设施相比，人工瀑布、壁泉、小瀑布的构成及设备相对较简单，管理也相对容易。

运行过程中，要对掉入水中的落叶及异物进行定期清理，防止设备的堵塞，保持良好水质状态。并且对人工瀑布、壁泉、小瀑布的后期表面进行1 ~ 2次 / 年或定期的清理，防止表面的变色，维修破损部位。

与其他水景设施相同，为防止设施在冬季冻裂，应排干管内用水，切断总开关。对主要设备进行保养，为下一年的使用做好准备。在冬季，对人工瀑布进行水量控制，可以创造独特的冬季冰冻水景。

井邑 英祖先母 淑嫔崔氏 景区瀑布

天安 院城川 壁泉

昌原 The City7 小瀑布

竹田 新世纪百货 小瀑布

生态池塘设计·施工·管理注意事项

李昌炯　HANSU green-tech(株)　次长

概要及施工法的原理

一般池塘随着时间的流逝都会出现水质恶化，失去亲水空间的作用，变为厌恶设施。着眼这些情况，构想能够常年清澈透亮的池塘，并转换成现实，具体施工法如下：

①通过设置在池塘底部的排水管，将沉淀物输送至净化区内的沉淀槽；

②输送到沉淀槽内的沉淀物将沉入至底部，水将输送至净化区的过滤层；

③净化区的过滤层由沸石和碎石互相穿插形成多层结构，颗粒的大小越往上越小；

生态池塘平面图（循环图）

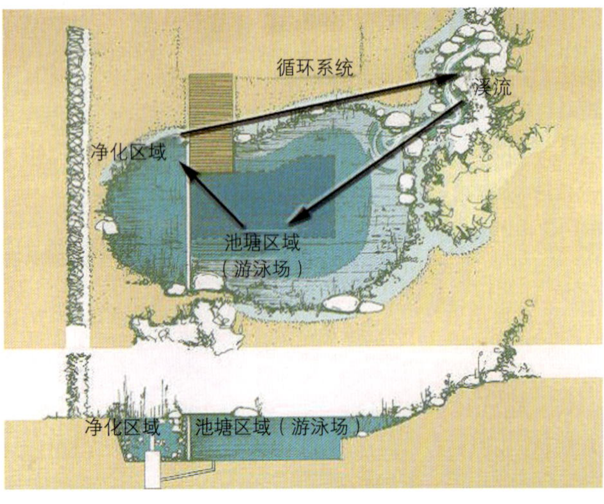

④过滤层最上端种植水生植物，通过根部吸收有机物质，净化水质；

⑤经过过滤层和水生植物阶段的净化水，通过水泵直接进入池塘或成为溪流的上端；

⑥通过上述过程的不断循环，维持池塘的同一水质。

池塘构成

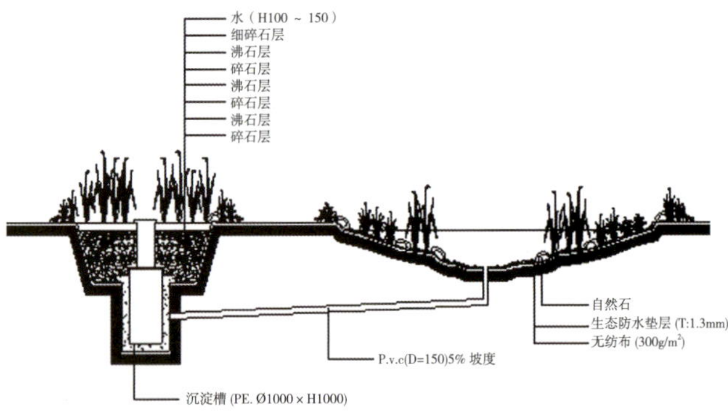

净化区域及池塘剖面详图

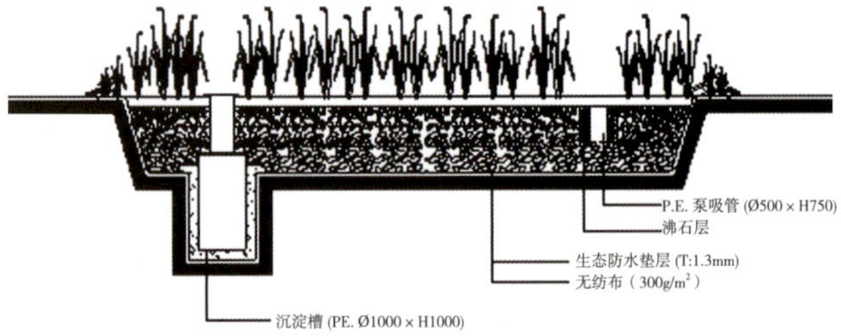

净化区域断面详图

生态池塘主要设施及材料解释

1. 沉淀水槽

设置在净化水池的底部，为了便于清洗另设凸出底面 15~20cm 的管子，作为吸收和去除有机物（粒径较大有机物）的装置，起沉积并收集循环水中有机物的作用。

2. 分离锥（Skimmer）

在池塘的循环水流相隔一段距离，并且易形成死水的池塘边缘，设置的净化设施。分离锥由水泵和过滤网组成，水泵定期吸入淤水，通过过滤网滤掉淤水中漂浮的异物。

3. 生态防水垫层

是以厚 1.3mm 的 FPO 特殊材质制成的，是有助于植物根部发育的生态池塘专用防水垫层。垫层中间夹有网状纤维，它的强度和伸缩性高，抗 UV（紫外线）能力强。

4. 泵吸管

是一种圆形穿孔管，设置在吸泵管线的中央，是吸入池塘中的净化水的设备。

5. 沸石（Zeolite）

新生代第三纪的火山灰受热水作用而形成的矿物，是一种含水的碱金属或碱土金属的铝硅酸矿物。结晶水的含量高，作为多孔性结构，吸附性、交换性、吸湿性较强。

生态池塘主要设施及材料管理

1. 沉淀水槽

在反复的水循环过程中，大量的有机物沉积的同时，微生物的有机物分解也将继续。通过这一系列的分解作用，有机物转变为无机物。在系统的正常运营状态下，这些无机物的堆积量 5 年内将达到 30cm 左右。因此，每 2~3 年一次通过水槽上部凸出的管线，连接吸水泵抽出堆积的无机物。

2. 分离锥

定期打开分离锥的上盖，清理过滤网上的落叶等异物。

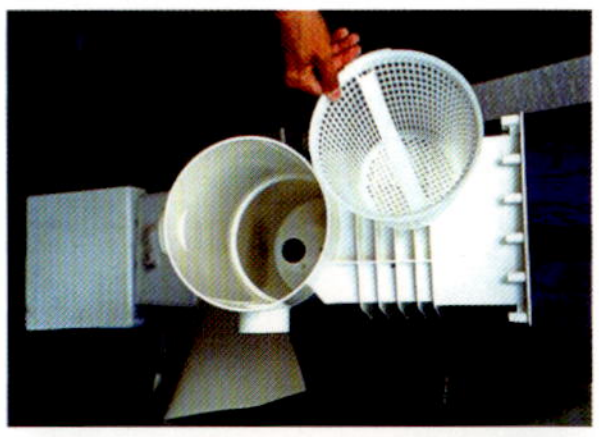

分离锥的清理方法

溪流或池塘的分离锥，发挥清除异物作用

3. 生态防水垫层

要对铺设在池塘底部的防水垫层进行定期检查，查看是否存在破损部位。没有特殊原因，池塘水位持续下降时，会存在防水垫层被破坏的可能，要及时维修破损部位。

生态防水垫层

4. 泵吸管，沸石

没有必要进行特殊的管理。

设置在净化区内的泵吸管

分季节管理事项

1. 11~3 月（启动准备期：晚冬至早春）

生态池塘系统是维持自然生态系平衡的系统。因此，需要制定池塘生态系统的管理指南，综合利用生长在池塘的生物及植物，维护生态平衡。维护生态池塘要注意如下事项：

①秋季应及时清理枯死的水生植物（芦苇、蒲草等），水生植物的枝干修剪后不能高出水面 5cm；

②秋冬清理池塘中的落叶；

③仔细查看生态池塘周边，维护好溪流和其他净化区域；

④睡莲及莲花等水生植物要采取适度的施肥管理；

⑤通过对溪流的检查，要确保水流畅通，控制水量损失。在溪流边要减少生长较快水生植物的种类；

⑥定期检查沉淀槽，必要时清洗干净；

⑦检查水位调整槽的功能：打开阀门重新启动；

⑧池塘的水温在 15℃时，投入微生物有利于清除过多营养素；

⑨根据需要检测池塘水质；

⑩需对游泳区及池塘底部进行清扫时，使用真空清扫装备定期清理。但是生长两栖类的周边区域除外。

2. 夏季

夏季生态系统的循环比较旺盛，可以采用简单的管理，维护生态池塘和水生植物。

①定期清理枯死的植物；

②梅雨之后的池塘营养成分可能会增加，必要时可采用微生物进行分解；

③减少生长较快水生植物的种类；

④对游泳区的地面及墙壁，木材部分及石材部分进行有规律的清理；

⑤要注意观察溪流及池塘的水量损失，检查相关设备（水位调节器、水泵、分离锥等）的功能，有问题及时咨询相关技术人员；

⑥在池塘中为避免夏季水温上升而生成绿藻，咨询专家投放微生物。

3. 秋季 / 冬季

进入降温寒冷（约 12℃）天气，生态池塘的修养期也即将开始。水生植物的树叶开始枯萎，栖息动物的活动频率减少。

①植物枯死地：出现黄叶或枯死地时，清理草类植物，保留莎草（Cyperaceae）类或长期带绿的植物；

②可以事先打网防止落叶掉入，也可以定期清理；

③在任何情况下，都要开启池塘的水循环系统（提供氧分）。

4. 其他鱼类及动物

①适宜生长在生态池塘的鱼类

适宜生长在生态池塘的鱼类不是肉食鱼，而是能在相当于一级水质的环境中生长的鱼类。

适宜生长在一级水质中的鱼类　　表 1

分类	内容	适宜生长的鱼类	备注
一级水	贫富水性的水 在岩石缝隙中涌出的泉水 水晶般清澈的水 自来水中去除漂白粉的水	蜉蝣虫儿，鳍鱼，鳜鱼，鳅鱼，Rhynchocypris kumganensis，Phoxinus phoxinus	含多量的氧气 不含硫化氢的水 BOD 低于 3ppm 细菌 1CC 低于 100 看不见水绵

②蜗牛及贝类能够生存，但鲤鱼、Koi、金鱼等鱼类因水质污染不能投放到池塘中。更不适合饲养鸭、鹅、红鹤等动物。

冬季维护管理

1. 池塘区域

① 作为体现自然池塘氛围的区域，集中种植多样的水生植物，池塘底部为碎石层；

② 在冬季也可以启动，但是一旦停止运转就难以重新启动；

③ 在冬季也可以提供美丽的水景休息空间，通过多样的造型物可以进一步提升自然之美；

④ 在冬季也要启用水位调节罐，出现冻裂危害的可能性较少，无需特殊管理也可使用；

⑤ 在冬季抽水可能出现水生植物的枯死，因此需要深层次的探讨。

2. 净化区域

① 净化区的底部设有沉淀槽，通过水生植物根部的水质净化作用和过滤作用进行水质净化，是整个系统中主要的水处理区域；

② 在冬季抽水可能出现水生植物的枯死，因此需要深层次的探讨。

3. 溪流区域

① 水质净化区的净化水，通过水泵重新回到池塘。溪流区域是为重现溪流流入湖面的景象，利用石头及碎石等自然元素，形成的流水路径区域。溪流的线路和景象要自然一些，像泉水般流淌的水重新回到系统中；

② 区间内设置多个台地，结合落差点缀水生植物，增加景观美感。

定型化池塘（H 寺）

4. 效果

① 池塘周边种植水生植物，有助于自然景观的塑造和水质净化；

② 适于植物生长的生态池塘：作为生物的栖息地，保护自然生态系统；

③ 不是化学净化系统，而是物理净化系统。

5. 用途

① 私家庭院；

② 公园池塘；

③ 研修院及自然科普园；

④ 休养林，游园地等。

乌山园洞 e 舒适世界小区

6. 冬季主材的管理

① 沉淀水槽

每 2 ~ 3 年一次通过水槽上部凸出的管线，连接吸水泵抽出堆积的无机物。但是在冬季无需特殊管理。

② 分离锥

定期打开分离锥的上盖，清理过滤网上的落叶等异物。在冬季停止运转时，可能因管线内残留的水出现冻裂现象，因此尽量启动水泵。坚持停止运转时，一定要排干管线内的水，避免出现冻裂现象。

③ 生态防水垫层

要对铺设在池塘底部的防水垫层进行定期检查，查看是否存在破损部位。没有特殊原因，池塘水位持续下降时，会存在防水垫层被破坏的可能，要及时维修破损部位。

④ 管线、水位调节罐、设备间

在冬季停止泵的运转，可能因管线内残留的水出现冻裂现象，因此尽量启动水泵。坚持停止运转时，一定要排干管线内的水，避免出现冻裂现象。

7. 其他遵守事项

① 垫层受到人为踏压，可能出现重叠现象，不会被撕破。但受到尖锐道具的人为破坏，容易被撕破，这一点尤其要注意；

② 在冬季池塘和净化区结冰的水面存在溺死的危险，因此要禁止出入。而且人流出入所产生的垃圾，在冰消后将沉入池塘及净化区，因此更

要禁止人员出入结冰的水面；

③ 池塘及净化区溪流的边缘，因人员出入容易造成垫层外露，出现溢水等现象，因此要禁止出入；

④ 分离锥容易被踢或被踩，因此要防止人员接触。分离锥遭到破坏之后，易进入小石子，导致水泵出现故障；

⑤ 进入池塘及净化区溪流，影响水生植物的成活率，因此要禁止出入；

⑥ 要禁止带走池塘及净化区的碎石及浮石，水生植物等；

⑦ 金鱼及乌龟等是水质污染和生长绿藻的原因之一，因此要禁止投放；

⑧ 从 4 月开始，因水温上升，池塘内容易生长绿藻。尤其是在 6 ~ 8 月的雨季，更容易繁殖绿藻。要通过签订维护管理合约，提早投放微生物防止绿藻生长，发现生长绿藻要及时使用绿藻清除剂，消除绿藻；

⑨ 净化区的水深较浅，在植物的根部易生长绿藻。要通过签订维护管理合约，提早放入微生物和绿藻清除剂，防止绿藻生长。

① ~ ⑨并非是质量问题，这点要明确一下。

喷泉控制使用说明书

① 泵的自动运转是按照 24 小时定时器设定的时间来运行。24 小时定时器的设定时间一到便开始启动，蓄水槽的水位在最低位时停止运转；

② 蓄水槽的水位是通过 Floatless Swich（DSF-88H）和电极棒感应并控制；

安山市古栈 6 期 Prugio 小区

③ 泵的手动运转与 24 小时定时器和水位无关，是可以人为控制的（空转会对泵的电机产生影响）；

④ 自动方法：控制系统通过自动或手动选线开关进行运转。

1. 手动运转

① 开启控制盘内部的主开关；

② 确认电压表是否显示 380V，并且主电压灯是否亮起；

③ 开启泵的 E.L.B 操作电源及供水切断器的电源；

④ 蓄水槽内没有蓄水，泵就不会启动，只能控制供水的 ON/OFF；

⑤ 供水启动之后，管道的 Sol Valve 将开启，水注入蓄水槽内；

⑥ 供水水位要达到没过浮动开关接地棒；

⑦ 开启水泵。

2. 自动运转

① 开启控制盘内部的主开关；

② 确认电压表是否显示 380V，并且主电压灯是否亮起；

③ 开启泵的 E.L.B 操作电源及供水切断器的电源；

④ 控制板的开关调为自动，将启动供水；

竹田现代 poshomeapt

上岩 3 工区社区公园

⑤ 供水水位没过浮动开关接地棒，将自动停止供水，水泵自动开启；

⑥ 自动运转是受 24 小时定时器的控制，必须设定好时间。设定好时间，喷泉将进入自动启动状态。

3. 故障排除措施

① TEMP 亮起时

现象：泵不能正常运转（泵超负荷）。

措施：消除泵的过电流原因（清理叶轮周边的异物）。

确认是否完全开启泵前阀门。

按 EOCR（过电流继电器）的 RESET 键。

② 磁力正常，但泵不能运转时

现象：泵不能正常运转。

措施：确认泵的 E.L.B 开关是否连接电源，未连接电源时，请连接电源。

③ 磁力泵运转过程中，有声响或反复出现 TRIP 现象时

现象：泵中响起“翁”的声音，电流表指针继续上升。

措施：用万用表测试三相电源（只连接单相，有损电机）。

用仪表确认相电流后，重新调整 EOCR 的电流值。

④ 不能自动供水或供水不顺畅时

现象：不能供水或阀中有声音

措施：按供水阀开关时，控制板中出现异常或从阀中传出声音，咨询相关负责人。

⑤ 供水时浮动开关中出现“滴答答”声音，喷泉运转中反复 ON/OFF 时

现象：水位正常，但水泵反复启动。

措施：确认浮动开关 E1、E2 接地棒的位置，若两位置相反，及时调整。

⑥ 蓄水槽的水量不足时

现象：泵正常运转，但水量不足。

措施：水泵处于逆相状态，因此三相中调整两相，顺应电机的运转方向。

⑦ N.F.B 及 E.L.B 开关继续跳时

现象：泵断路器跳闸。

措施：确认线路及可能存在漏电部位没问题后，重新启动。

⑧ 没有设置泵定时器时

现象：电机不能运转。

措施：重新设置板内的定时器，开始启动。

除上述问题之外的，请咨询相关负责人。

4. 冬季措施（11~2 月）

①开启各管线的 Drain 阀，将水完全排干。

②关闭供水 Main，开启管线的 SOL 阀门 30 秒左右之后，关闭电源（可能会出现冻裂，必须遵守）。

③关闭板内部的操作电源。并且全部开关选择为手动状态。

④控制盘内部可能存在漏电，要及时清理导体及异物，保持清洁。

⑤可能会出现结露现象，相隔 10 天打开板箱门清除结露或使用吸湿剂，可以延长使用寿命。

5. 夏季措施（3 ~ 10 月）

①由于冬季没有启动喷泉，开启之前要确认三相电源及设备的操作电源之后，连接主要电源。

②连接操作电源，确认各开关的 OFF 键指示灯是否亮起（连接电源后 OFF 键指示灯未亮起时，重新确认操作电源 220V）。

③连接供水阀电源，以手动方式供水。供水量达到一半时，转为自动方式供水（确认是否会自动停止供水）。

④供水结束后，连接电源并试运行。如没有异常，可正式启动（如出现异常，咨询相关负责人）。

⑤及时清理附着在电极棒的异物，保证供水顺畅。若有电力负责人，要事先通过漏电检测后，才能进行。

生态池塘（H 寺）

人工植物岛设计·施工·管理注意事项

水上漂浮的湿生生境创造技术

摄影　权五柄　（株）Assum　CEO

人工植物岛是在水面上为水生植物提供漂浮在水上的、不受水位变化影响的湿生生境的技术。韩国的水库基本都是人工筑造堤坝形成的，受集中强降雨天气的影响，水库水位变化较大。因此护岸的大部分植物生长带早已被破坏。随之护岸湿生生态严重破坏，丧失自净能力，水质污染严重。将这些护岸水草带移至水面，让它们不受水位变化的影响，能维持稳定的湿生生态是人工植物岛的基本概念。人工植物岛也被称之为人工浮岛、人工水草岛。

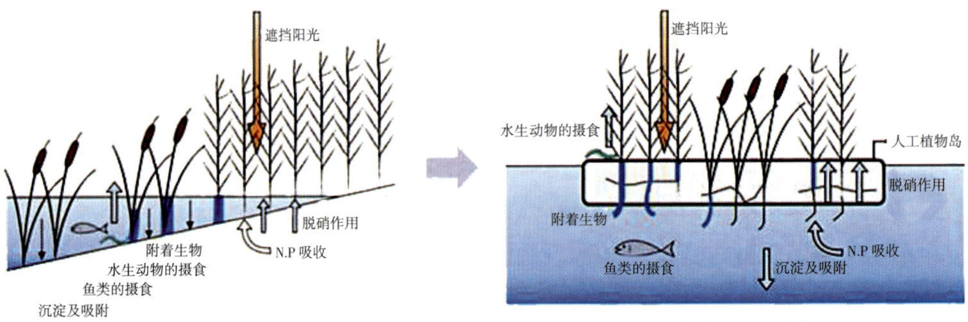

湖泊沿岸带的水质净化原理　　人工植物岛的水质净化原理

人工植物岛概念图

一、构造

人工植物岛由浮体、植被基、织物网、水生植物、系留设施、水上防栅、浮桥等组成。

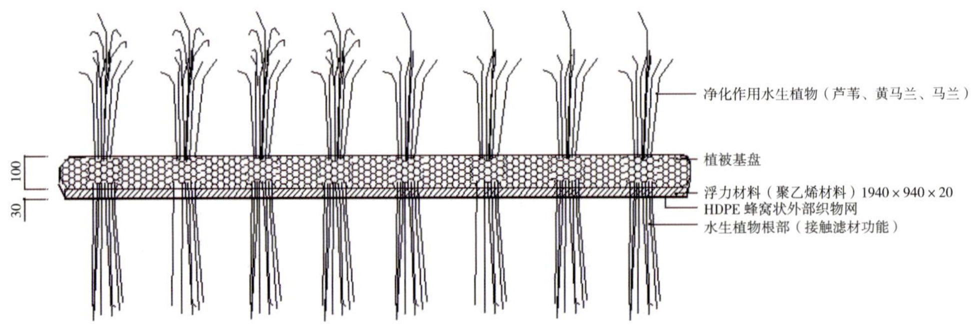

人工植物岛构造图

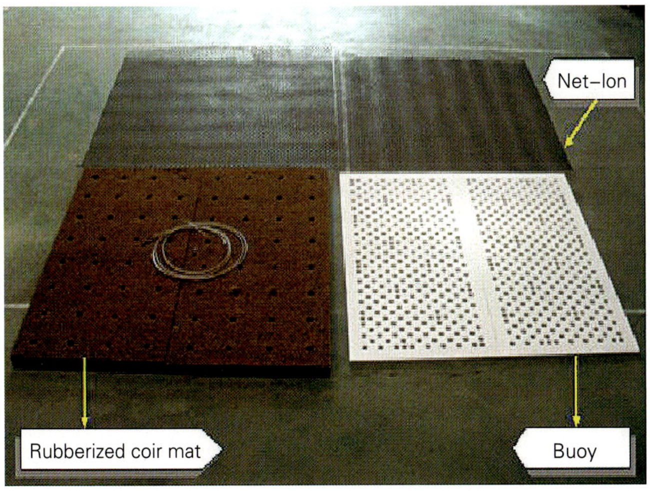

人工植物岛的构成材料

1. 植被基

植被基在完全扎根存活之前，不仅起到地基作用，还起到吸附、过滤浮游物质的作用。植被基扎根之后，植被基与植物根部一起既能起到微生物接触滤材的作用，又能起到微生物、浮游生物、无脊椎动物、鱼类等的产卵及栖息地的作用。

2. 浮体

浮体不仅使植被基和水生植物在水上同时漂浮，还起到固定的作用。材料的选择主要是有较强浮力和耐腐蚀性的平板型交联聚乙烯等。具有柔性的平板交联聚乙烯浮体，抗波浪和水流等外部冲击能力强，与植被基及外部织物网形成整体具有软质构造的特征。

3. 织物网

织物网是起到捆绑浮体和植被基合为一体的作用。织物网也考虑到整体的柔性采用软质构造的HDPE（High Density Polyethylene）网体。

4. 系留设施

除具有把植物岛固定在湖泊或河流某个位置的能力外，还要具有抗水位、水流的流速及流量的能力。植物岛由钢丝或合成树脂绳栓绑在混凝土或铁制的锚上，系留在水中的某个位置。

5. 水生植物

栽植在人工植物岛的植物一般选用多年生水生植物。挑选的水生植物要有较强的水质净化能力，能有效去除氮、磷等污染物，求购和维护方便，适应各种环境，能够越冬，适合整体氛围，符合最初目标。最常用的水生植物有芦苇、黄马兰、马兰、蒲草、水葱等。

二、效果

1. 保护生态（创造生境）

人工植物岛作为漂浮在水面的浮游湿地，提供水生态的生境。植被基成为水生植物的栖息地，植被基和植物的根部是微生物附着生活的王国；同时也是浮游动物、底栖动物的栖息地，鱼类的产卵和藏身之地，鸟类的栖息地。

2. 改善水质

人工植物岛是水生植物漂浮在水体中，吸收、清除营养盐类。植被基和根部起到微生物接触滤材的作用，通过附着微生物对水中的污染物进行吸附、分解、清除，同时遮挡阳光抑制藻类的光合作用。通过以上的净化原理，将改善水质，抑制绿藻现象。人工植物岛为浮游动物及动植物的最佳栖息地，维持生态平衡，具有持续净化水质的作用。

3. 防止绿藻现象

污染水质主要因素之一的绿藻现象常出现在污染物浓度不断提高的水边或静止的水体。在此类区域设置人工植物岛，可以有效去除营养盐类，通过遏制光合效应，能够抑制和清除藻类。

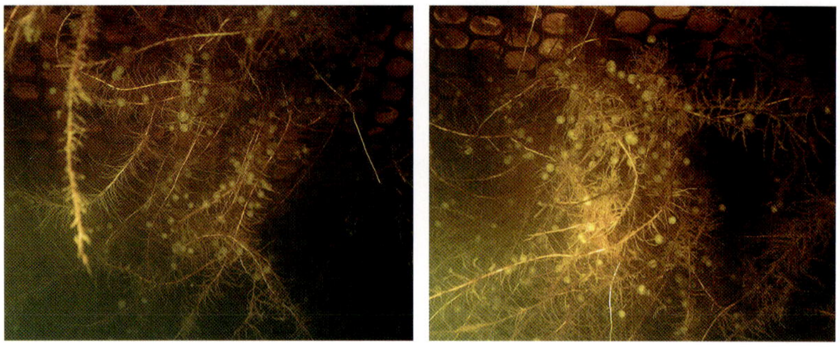

附着在人工植物岛根部的鱼卵

栖息在人工植物岛的鸟类

在波浪中平稳的人工植物岛

三、设计注意事项

1. 流速及风速

人工植物岛是非骨架式的软体结构，在一般水流的冲击下非常稳定。但在洪水引起的水流急速增加的情况下、漂浮大量垃圾的地区，以及受到地形影响风速较强等地区要计算好系留力，加固锚以及连接设施。

2. 景观设计

人工植物岛的形态可以用基本模块植物岛组合成星、鸟、花、鱼、四角形、不规则形等多样的形状。要根据植物岛的设置目的、地域特征，选择适宜的设计样式。

3. 保护鱼类资源

人工植物岛底部的水生植物根部是鱼类藏身和产卵的好地方。建造植物岛之后，可以通过水中摄像看到，底部吸附着大量的鱼卵，畅游着大量的稚鱼。

4. 提供鸟类栖息地

由于植物岛湿地漂浮在水中，与陆地相隔绝，因此是鸟类不受到貉、蛇、猫等天敌动物干扰的最佳栖息地。以任何目的为由建造的植物岛中，我们首先都能看到栖息的鸟类。

5. 塑造自然景观

通过各式各样的植物岛设计和多种水生植物的搭配，可以呈现美丽的景观。公园、高尔夫球场、水库等水面上增加草绿的湿地，可以寻求审美心理的稳定，呈现亲自然滨水景观。

6. 栽植植物

栽植在人工植物岛的芦苇、蒲草、马兰等净水植物是能够适应韩国气候和环境的多年生草本植物，吸收营养盐能力和耐寒性最好。一定要以改善水质、塑造景观、提供栖息地等为目的，根据植物的特征选择合适的植物。

7. 浮力计算

浮力是植物岛能够漂浮在水面上的重要设计因素。要充分考虑添加在植物岛上部的植物、特殊构筑物、步行通道的荷载，让其有足够的浮力。选用平板型交联聚乙烯浮力材料时的浮力计算如下：

> $1m^2$ 浮力材料和 HDPE（High Density Polyethylene）织物网下板及侧板的浮力计算
>
> ① 浮力材料的浮力
>
> 体积 =CPF 板的体积 −342EAHole 的体积 =0.028455m^3
>
> 浮力 = 体积 ×（1− 密度）≒ 13.7kg/m^2
>
> ② HDPE 织物网下 / 侧板的浮力
>
> 体积 =HDPE 织物网下板的体积 + HDPE 织物网侧板的体积 −Hole 的体积 =0.006337m^3
>
> 浮力 = 体积 ×（1− 密度）≒ 0.16kg/m^2
>
> ③ 浮力合计 = 浮力材料的浮力 +HDPE 织物网下 / 侧板的浮力 =13.9kg/m^2

8. 系留设施

系留设施是按照计划能够把植物岛停留在指定地点，维持在指定形状的重要设施。系留设施要充分考虑风、浪、流速等因素。系留力的计算公式如下：

> 系留力 = 风压力 + 潮流力 + 漂流力
>
> ① 风压力 (P_w)=$P_w \times A$[tf]=1/16 × $C_h \times C_s \times V^2 \times 10^{-3} \times A$[tf]
>
> （A: 风的受压面积 [m^2]，V：风速 [m/s], C_h: 高度系数，C_s: 形状系数）
>
> ② 潮流力（P_t）=$\rho/2 \times CD \times A \times v^2$[tf]
>
> （ρ 淡水密度 =0.1[$t \cdot s^2/m^4$], v: 流速 [m/s], A: 流压面积 [m^2], CD：抗力系数 2.0）
>
> ③ 漂流力（PD）=$\rho/2 \times g \times B \times (H/2)^2 \times R_t^2$[tf]
>
> （ρ 淡水密度 =0.1[$t \cdot s^2/m^4$], 重力加速度 9.8[m/s^2]，B：人工植物岛的受压宽 [m], R_t: 漂流力系数）

四、施工

人工植物岛在工厂按照基本单元模块生产之后，搬运至现场按计划形状组合设置完成。人工植物岛的施工顺序如下：

人工植物岛的施工过程

工厂制作　搬运材料　栽植水生植物　连接

组合形状　搬运至湖内指定地点　安装系留设施　设置完成

五、施工案例

大田大清湖

松岛日出公园

华川破虏湖麻谷

华川破虏湖凤川里

松岛 Solchan 公园

瑞山看月湖

首尔奥林匹克公园

镇川柏谷志

六、维护管理

人工植物岛是利用自然的生态工学设施，与化学水处理设施和成套设备相比，维护管理相对容易一些。但是要满足美观、改善水质、提供栖息地等需求，要进行必要的维护管理。

人工植物岛的检查工作及维护管理事项如下：

人工植物岛的维护管理工作及计划　　表 1

检查工作	计划
• 设置完工后，经几次强降雨后，植被基及系留设施是否破损 • 是否累积过量的垃圾	必要时
• 植被的生长状态	每年 1 次（5 月左右）
• 监督昆虫、两栖类、爬虫类、鱼类、鸟类等生态学指标及水质	每年两次以上
维护管理工作	**计划**
• 清扫植物岛上部的垃圾	每年 1 次
• 补栽植物	每年 1 次（必要时）
• 检查系留设施的安全性	每年 1 次
• 制定有关湿地维护管理实施计划	必要时
• 受水位变动、暴雨、强风等影响，位置是否有变动	必要时

七、结论

人工植物岛是在水面创造稳定的护岸水草带的技术，是具有保护水生态、改善水质、提供鱼类和鸟类的栖息、塑造亲自然景观等综合作用的生态工学技术。不需占用土地，不影响水体总量，就能达到所需目的的技术；适用于湖泊、水库、人工湖、高尔夫球场、池塘、缓速河流等水体。不久的将来，还能与浮桥相连，增加水上生态公园的功能。

assum@assum.co.kr

第三章　附录

在“附录”中收录了水景公司的精选作品和专家采访，以及水景设施相关信息。

“水景公司作品精选”中收录的水景空间案例，是专门进行了作品征集，与相关企业通过电子邮件、传真等方式接收的原稿。

“专家采访”中接受采访的是尹淳烈所长（wave），采访中主要谈到从开始接触水景设施，到建造众多水景设施过程中的体会。

“水景设施相关信息”中按照类型整理了水景设施及主要相关材料的基本术语、与施工相关的注意事项及施工方法等。在“水景设施的水质标准及管理方案”中主要介绍了水质及管理标准、水景用水的水质、防治水质污染方法等内容。本书中所收集的相关案例和信息希望能对技术人员有所帮助。

SCAPE

水景公司作品精选

本书精选了十家公司的优秀作品。收录顺序按照公司名称语音排列。

大明度假村 Solbeach 酒店与度假村室内外喷泉

Dong Seo Corporation

大明度假村 Solbeach 酒店位于江原道襄阳鳌山里海边，Sol 在西班牙语中的释义为太阳，与 Beach 组合之后的释义为“太阳的海边”。夏天守望着东海的蔚蓝风情，冬天欣赏着雪岳山的美丽雪景。飞流直下的壁泉、电梯两侧水帘喷泉及小巧玲珑的喷泉，让人联想到地中海风情。

位置：江原道 襄阳郡 巽阳面 鳌山里 山2-1
发包单位：（株）大明娱乐产业
设计：（株）碧松Engineering
施工：（株）大明建设
水景施设：Dong Seo Corporation
工期：2007.2.26~2007.6.30
投资：7亿韩元
水景设施：水帘喷泉，环境造型物壁泉，酒店前喷水，海边前喷水

衿川区综合大厦水景设施 Dong Seo Corporation

衿川区政府行政综合大楼采用了屋顶绿化、污水利用及太阳能发电等节能技术，不仅被称之为亲环境建筑，而且开放政府大楼的外部空间，为周边居民提供了游憩和交流的空间，深受居民的喜爱。在水景方面，利用建筑错落的山墙面营造了大面积壁泉，飞流直下的一道道壁泉呈现清爽动感的一幕。

位置：首尔市 衿川区 始兴洞1050
发包单位：（株）调配厅（韩国行政机关名称）
设计：（株）熙林综合建筑设计事务所
施工：（株）SK建设
水景施设：Dong Seo Corporation
工期：2006.10.23~2008.12.31
投资：5亿韩元
水景设施：大规模造型壁泉，程控喷泉，池塘喷泉

盘浦 XI 水景设施 Dong Seo Corporation

占地 19.96hm^2 的盘浦 XI 小区以亲环境、well-being 为造景设计的基本概念，种有两万余棵树木，树木之间设有人行步道，小区内的五个主要开放空间都是以水为主题。采用希腊神殿设计元素的圆形壁泉、随音乐旋律起伏跳动的音乐喷泉、从地面中喷涌的旱地喷泉等都设置在主要的开放空间中，照明灯光透过飞溅的水花，使夜间的景色更加美妙。

位置：首尔市 瑞草区 盘浦洞20-1号
发包单位：(株)GS建设
设计：(株)Grouphan联盟
施工：(株)高丽造景
水景施设：Dong Seo Corporation
工期：2008.3.26~2009.1.31
投资：10亿韩元
水景设施：音乐喷泉，旱地喷泉，圆形壁泉，Rainbow Garden喷泉，儿童戏水游乐场喷泉

金海 砚池公园音乐喷泉 Rainbow Scape

位于金海市内洞砚池公园的音乐喷泉，长约 50m, 高为 30m，利用浮力体漂浮在水面。上面设有太阳喷泉、雾喷泉、孔雀喷泉等设施，以及可以呈现喷泉水幕和激光秀的设施。

位置：庆尚南道 金海市 内洞106-1号
发包单位：金海农业技术中心
水景施设：（株）Rainbow Scape
工期：2005.7.20~2005.10.7
投资：42亿韩元
水景设施：音乐喷泉，水幕喷泉，激光秀系统

丽水 梧桐岛 音乐喷泉 Rainbow Scape

位于美丽的丽水梧桐岛，长约70m，高约30m。喷泉水槽内设有雾喷泉、绿洲喷泉、海鸥喷泉、海草喷泉、登台喷泉、岛喷泉、扇贝喷泉、爆竹喷泉等大大小小的喷泉。

位置：全罗南道 丽水市 水晶洞 梧桐岛内
发包单位：丽水市
水景施设：（株）Rainbow Scape
工期：2005.7.7~2005.10.14
投资：35亿韩元
水景设施：音乐喷泉，旱地喷泉，景观照明

龙仁 东柏地区 音乐喷泉 Rainbow Scape

位于龙仁东柏地区的湖泊公园内，设有供游人观赏的平台。通过每个喷泉的单独操控，可以呈现最具动感的壮观场面。

位置：京畿道 龙仁市 器兴区 东柏地区 湖泊公园内
发包单位：韩国土地公社
水景施设：（株）Rainbow Scape
工期：2004.12.31~2006.5.30
投资：35亿韩元
水景设施：音乐喷泉，壁泉，景观照明

쥬네브 1월 OPEN

三角地 Pantomime 喷泉 Water Art Fountain

位于三角形交通环岛，与传统方方正正的旱地喷泉不同，在两个菱形相接的空间内以线形排列喷嘴，增加了环岛的导向性。49 个喷头各有独立水泵，自由调控，上演多样的景观，并且均为安全喷头，可以自动开启关闭。解决了儿童在旱地喷泉中玩耍时的安全问题，还减少了异物的侵袭，有利于维护管理。

位置：首尔市 龙山区 梨太院 三角地
发包单位：龙山区政府
水景施设：（株）Water Art Fountain
工期：2004.6.20~2004.7.31
投资：3.2亿韩元
水景设施：旱地喷泉，Pantomime喷泉

梵鱼寺青龙洞民俗广场音乐喷泉 Water Art Fountain

虽然形态上是水槽式喷泉，但在 8m × 5m 的水槽上加设了滑动式盖板，根据喷泉的启动与否进行开闭，具备了水槽喷泉和旱地喷泉的双重功能。从而解决了旱地喷泉喷嘴相对固定、呈现水景相对单一的问题，同时减少了异物侵袭，便于维护管理。在喷泉停喷期，关闭滑动式盖板后，可以作为表演舞台，提高了空间利用率。

位置：釜山市 金井区 青龙洞 梵鱼寺入口
发包单位：金井区政府
设计：大语综合建设
施工：（株）Water Art Fountain
水景施设：（株）Water Art Fountain + Myrrh Water Design
工期：2005.6.6~2005.10.18
投资：约8亿韩元
水景设施：水槽式音乐喷泉

首尔市立西北医院水景设施 Myrrh Water Design

考虑到医院的性质及建筑特征，入口左右两侧空间设计分别以人体的“肺”和“心”为设计概念，建造了旱地喷泉、池塘及壁泉。左侧是清爽的旱地喷泉，喷嘴选用了在旱地喷泉难以表现的阿拉伯花饰，给病人及来访人员带来清爽与愉悦的心情。右侧是在心形水槽内设置的 9 个特殊喷嘴，并且利用间接照明方式，创造平静而优雅的感觉。为了突出入口的象征性，在水景周边搭配了能体现季节特征的花草。

位置：首尔市 恩平区 驿村洞 首尔市立西北医院内
发包单位：首尔市立 西北医院
水景施设：（株）Myrrh Water Design
工期：2009.3.2~2009.4.11
投资：约1.2亿韩元
水景设施：水槽式喷泉+壁泉，旱地喷泉

安养 飞山公园 人工瀑布 Miju Ecorock

飞山公园人工瀑布参照了济州岛西归浦市海岸线的火山喷发所形成的柱状节理。为了模仿得更加自然，事先进行现场考察的同时，制造了相关模具，最后采用“玻璃纤维强化混凝土（GFRC）”技术制作而成。飞山公园位于建设控制地带内，因此，亲环境是飞山公园的设计理念。人工瀑布柱状节理的模仿非常逼真，难以看出人为的痕迹。

位置：京畿道 安养市 万安区 石水1洞一带
发包单位：安养市
设计：Dongrim Consultant
施工：三扶建设工业（株）
水景施设：Miju Ecorock（株）
工期：2005.9.20~2006.5.16
投资（人造岩）：10亿韩元

安养 Byeong mok an 市民公园 人工瀑布 Miju Ecorock

作为利用废弃的铁道碎石开采场而建的市民公园，在采石场被切开的坡面上，通过自然岩石与人工岩石的巧妙结合，营造了宽为95m、高为65m的人工瀑布，这一超大人工瀑布现已成为公园的名物。本案例的重要意义在于，把废弃空间改造成为供市民尽情游玩的公共空间。

位置：京畿道 安养市 万安区 安养9洞 Byeong mok an 市民公园内
发包单位：安养市
设计：（株）建林园
水景施设：Miju Ecorock（株）
工期：2006.2.27~2006.5.23
投资：20亿韩元

仁川寿凤公园人工瀑布 Miju Ecorock

位于仁川老城区中心的南区是旧区改造工作的试点。改造过程中在拆迁后的 AID 用地上，首先投资 53 亿韩元建设了人工瀑布。已建成的瀑布一期，建设规模为高 37m，宽 78m。二期工程完工之后，长度将达到 110m，这将是韩国国内最大的人工瀑布。瀑布设有 6 个溢水口，场景非常壮观，在夜间灯光的照射下更显宏伟。

位置：仁川市 南区 寿凤公园内
发包单位：仁川市 南区政府
设计：高山 Engineering
施工：日成建设（株）
水景施设：Miju Ecorock（株）
工期：2007.10.15~2008.8.18
投资：40亿韩元

盘浦 XI 人工瀑布 Miju Ecorock

盘浦 XI 小区占地面积为 19.96hm^2，由 44 栋高层住宅组成。GS 盘浦 XI 造景的设计和施工是以在城市中心也能享受大自然的乐趣为宗旨。沿着步行小道缓缓流淌的小溪长达 750m, 在各个重要节点还设有迷你水上乐园及音乐喷泉等水景设施。尤其是利用地形高差而建的人工瀑布，进一步提升了 GS 建设“XI”品牌的价值。

位置：首尔市 瑞草区 盘浦洞20-1号
发包单位：GS建设（株）
设计：（株）Grouphan联盟
施工：高丽造景（株）
水景施设：（株）Miju Ecorock
工期：2008.3.26~2009.1.31
投资（人造岩）：6.2亿韩元

大清湖上水源的人工植物岛 Assum

大清湖是大田及忠清地区饮用水的上水源。大田秋洞上水源的弯曲部设有取水塔，水由于夏季绿藻现象而出现异味，是市民投诉的主要问题。在净水过程中为了清除绿藻，往往会过量使用消毒药品。这不仅带来经济上的损失，还容易出现其他异味。

为了解决上述问题，在大清湖上水源取水塔附近设置人工植物岛，改善水质的同时，遏制绿藻的出现。人工植物岛不仅可以遏制绿藻，还能有效保护水生态。

位置：大田市 东区 秋洞 大清湖一带
发包单位：大田市自来水事业本部
设计：KIT，西园外
水景施设：（株）Assum
工期：2004.12.6~2009.3.30
投资：43亿韩元
水景设施：人工植物岛

位置：仁川市 延寿区 松岛洞 Solchan公园
发包单位：仁川经济自由区政府
设计：（株）维新
施工：虞人综合建设（株）
水景施设：（株）Assum
工期：2005.1~2005.10
投资：9.6亿韩元
水景设施：人工植物岛

仁川松岛 Solchan Park 人工植物岛 Assum

松岛 Solchan 公园是松岛地区的滞洪区。为满足周边居民的需求，沿滞洪区周边建设了漫游步道和绿地。并且在滞洪区内部，不影响排洪的前提下，为保护生态环境增设了漂浮的人工植物岛。Solchan 公园的人工植物岛不仅是候鸟休养地，也是湿生生物的栖息地。考虑到地域特征，形状模仿了海鸥。

Solchan 公园与大海相连，盐度较高，不适宜植物生存。因此，栽植了特制的耐盐性芦苇——Assum Salt 芦苇。目前，Solchan 公园盐生芦苇的生存情况比自然湿地的芦苇还要好。

济州山地川音乐喷泉 Aquatech Korea

山地川是横穿济州市区的一条河流。整治后的山地川，不但洋溢着昔日的浓郁文化情趣，也给城市景观增添了色彩。通过设置音乐喷泉和瀑布，提高了国际文化旅游城市的地标性，也给市民及游客增添了观赏性。尤其是音乐喷泉，以固有的动感魅力，给市民和游客提供了最佳的聚集场所。

位置: 济州岛 济州市 一徒1洞, 健入洞
发包单位: 济州市
设计: 锦湖Engineering (株)
施工: 大和建设 (株), 兴南综合建设 (株)
水景施设: (株) Aquatech Korea
工期: 2001.10.16~2002.6.20
投资: 31亿韩元
水景设施: 音乐喷泉, 壁泉 (Cascade)

安养中央公园构筑物及水景设施 Aquatech Korea

安养中央公园是安养市的“代表性公园”，占地达 11.9667hm^2。公园内种满了各种树木及花草，还展示着 50 多个雕塑，是欣赏艺术和游憩的好去处。旱地喷泉、溪流、壁泉等从里到外的水景空间，为市民提供了尽享快乐的公共空间，深受男女老少的喜爱。

位置: 京畿道 安养市 东安区 坪村洞
发包单位: 京畿道 安养市
设计: 富林技术团 (株)
施工: 青山综合造景
水景施设: (株) Aquatech Korea
工期: 2003.1.20~2003.10.20
投资: 38亿韩元
水景设施: 上部POND, 中央广场旱地喷泉, 入口广场water tripoli, 溪流, 溪流壁泉等

清溪川复原起始点水景设施 Aquatech Korea

对经常光顾清溪川的市民来说，场所认知感最强的节点是复原工程的起始点，它也是“清溪川复原的代表性空间”。程控喷泉可以吸引众人的目光，倾泻而下的壁泉可以安抚因忙碌于城市生活而疲惫的心灵，清溪川留住了行人的脚步。强调与周边环境的协调关系，营造了清溪川独有的空间特色。

位置：首尔市 锺路区 瑞麟洞 清溪川起始点
发包单位：首尔市
设计：造景设计Seoahn（株）
施工：大林产业（株）
水景施设：（株）Aquatech Korea
工期：2005.2.3~2005.9.30
投资：15亿韩元（水景设备部分）
水景设施：清溪川溪流，起始点喷泉及高射喷泉，程控喷泉，护岸喷泉

水原光教公园水景设施 Aquatech Korea

以"水"为主题的光教公园，充分展现了水原这座城市的形象。公园内塑造了音乐喷泉、壁泉、溪流、水车等多样的水景空间，为水原市民以及年平均400万以上的访客，提供了特有的观赏点。

位置：京畿道 水原市 长安区 练武洞1-1号一带
发包单位：京畿道 水原市
设计：三丰Engineering（株）
施工：Solens（株）
水景施设：（株）Aquatech Korea
工期：2006.10.27~2007.3.31
投资：27亿韩元
水景设施：音乐喷泉，壁泉，溪流，水车

水原万石公园音乐喷泉 Aquatech Korea

2007 年，位于水原市长安区松竹洞的万石公园内，增设了音乐喷泉。摇摆的水姿和激光秀完美组合，上演华丽的音乐喷泉秀。高射喷泉射出的高水柱在音乐的旋律和多彩灯光的照射下美轮美奂，每天都有很多市民前来观赏。

位置：京畿道 水原市 长安区 松竹洞
发包单位：京畿道 水原市
设计：kyunghwa Engineering（株）
施工：（株）车轮Ener-tec
水景施设：（株）Aquatech Korea
工期：2007.3.10～2007.9.30
投资：26亿韩元
水景设施：高射喷泉，圆形喷泉，水幕喷泉，摇摆喷泉，波浪喷泉

盘浦大桥月虹喷泉 HSM Enjoy Water

盘浦大桥是连接首尔市龙山区西冰库洞和瑞草区盘浦洞的韩国第一座双层桥梁。一层为水位上涨时可以被淹没的潜水桥，二层为盘浦大桥。作为“汉江复兴”工程的一部分，在盘浦大桥上设置月虹喷泉，建立汉江南北的文化艺术空间，成为汉江的新地标。2009 年 2 月在吉尼斯世界纪录协会登记为“世界上最长的桥梁喷泉”。

位置：首尔市 盘浦大桥
发包单位：首尔市
设计：（株）CA造景技术事务所，（株）大宇 Engineering
施工：（株）HSM Enjoy Water（60%），hyubshin Engineering（20%），ildeng产业（20%）
水景施设：（株）HSM Enjoy Water
工期：2008.4~2009.4
投资：197亿韩元
水景设施：PSM阀

位置：京畿道 金浦新城 场基地区e-jeil
发包单位：（株）jeil建设
设计：（株）jeil建设
水景施设：（株）HSM Enjoy Water
工期：2007.4~2007.6
投资：1.5亿韩元
水景设施：OASE Biosys 6 filter System及PVC liner

金浦新城 场基地区 e-jeil 小区生态溪流 HSM Enjoy Water

在金浦新城居住小区中心绿地建设的自然生态溪流，是以亲自然为主题建设，给住户提供了舒适的休息空间。尤其是考虑儿童安全而设定的水位，基于生物学的过滤系统防止了富营养化，同时以紫外线过滤杀灭传染病菌，塑造了安全的亲水环境。作为小区内的中心水景，成了邻里之间的交流空间。

佳佐里 i-park 荣洞 Eses

第一张照片是壁泉的上部水槽，第二张照片是壁泉的下部水槽，类似于山上跌落的瀑布。在小区入口设计壁泉，给人一种清爽感。通过台阶进入到小区内部，与入口处不同，有一片可以让人休憩的清静空间。

发包单位：现代产业开发
设计：现代产业开发
施工：造景社 Anyensi
水景施设：（株）荣洞Eses
工期：2009.2.2~2009.3.10
投资：5000万韩元
水景设施：造型物，壁泉

富川上洞湖泊公园荣洞 Eses

给市民提供夜间活动的空间，喷泉清爽的感觉让人忘掉夏日的炎热。

位置：京畿道 富川市 远美区 上洞
发包单位：富川市
水景施设：（株）荣洞Eses
水景设施：浮游喷泉

位置：京畿道 始兴市 大也洞
发包单位：始兴市
设计：技术事务所dreamseong造景
施工：造景社 Anyensi
水景施设：（株）荣洞Eses
工期：2007.9.1~2007.10.11
投资：9000万韩元
水景设施：壁泉，喷泉

飞鸽公园荣洞 Eses

飞鸽公园属于居住区公园，因此前来游玩的居民较多。公园内原本放养着鸽子，不仅鸽棚的形状影响美观，而且在炎热的夏天、潮湿的阴雨天，鸽粪臭气冲天。为改善环境，塑造了美妙的水景空间。

陵洞 儿童乐园 水景设施 Plus Fountain

儿童乐园从建园以来一直都是首尔市的主要景点。2009 年重新装扮的儿童公园，成为包括儿童在内的所有市民可以一同尽情游玩的首尔代表性公园。设在主出入口广场的最先进的音乐喷泉，伴随着动感的旋律和绚丽的水姿，吸引了万众目光。这不是一个简单的音乐喷泉，它配有“佩带钢琴的音乐喷泉”（游客演奏演出系统）和游客选曲系统及 event 系统，可以上演高水准的喷泉表演。

位置：首尔市 广津区 陵洞 18号
发包单位：首尔市 绿化管理所
水景施设：Plus Fountain（株）
工期：2008.9~2009.5
投资：37亿韩元
水景设施：音乐喷泉，壁泉，隧道喷泉

猎鹰公园 水景设施 Plus Fountain

猎鹰公园经 2007 年的改造之后，以生态、文化空间成了首尔西南部的代表性公园。公园内新建了池塘、旱地喷泉、溪流等多样的水景空间。呈现动感喷泉秀的音乐喷泉、儿童零距离接触的旱地喷泉、利用地势而建的溪流，给公园创造了更大的魅力。尤其是夜间上演的音乐喷泉灯光秀，更加绽放了公园的魅力，给来访的市民心中留下难忘的记忆。

位置：首尔市 铜雀区 新大方洞
发包单位：首尔市 绿化管理所
水景施设：Plus Fountain（株）
工期：2006.11~2007.11
投资：23亿韩元
水景设施：音乐喷泉，旱地喷泉，溪流

采访 Wave（株）所长尹淳烈

南基準　记者

在水景专家专访中，邀请到了尹淳烈所长（Wave）。尹淳烈所长是 2005 年 Wave（株）的创始人，主要从事水景设施的设计工作。

据说您是 1990 年进入 hyubshin 设计公司开始与水景工作结缘，能否简单介绍一下。

在学校学习了机械设计、土木、造景，毕业找工作的时候，通过报纸偶然看到了 hyubshin 设计公司的招聘公告。当时的 hyubshin 位于韩国国内水景行业的前列，但为了进一步提高实力，在报纸也发了招聘公告。招聘包括机械设计、造景、设计等专业，这时开始就与水景设施结缘了。在 hyubshin 工作的 4 年中，学到了不少与水景设施相关的知识。之后在 Rainbow Scape 工作到了 2000 年年末，过了 6 个月的休养调整期，在完成过世界杯高射喷泉项目的 changinn 工作到 2004 年。2005 年开始，自己创立了 Wave 设计公司，主要从事水景设施的设计工作。

Wave（株）尹淳烈所长

在水景行业工作了 20 余年，记忆深刻的项目也应该不少吧？

在 hyubshin 工作期间参与过的项目中，印象最为深刻的是昌原市龙池湖的音乐喷泉，是在韩国国内的首个漂浮式音乐喷泉项目。1992 ~ 1993 年与大田 EXPO 相关的项目较多，因为 EXPO 中需要很多看点，所以短短的时间内建设了各式各样的水景设施。众多设计单位参与此项目的设计，其中 hyubshin 参与的设计项目数量最多。当时韩国国内的水景设施产品及技术都处于初级阶段，所以基本设计中比较新鲜的水景设施，几乎都是由国外公司来完成的。而 EXPO 组织委员会，希望能通过韩国国内技术来完成。艰巨的任务最后落在了 hyubshin 的肩上，我们只能在短短的时间内，去经历无数次的实验失败。这是一件非常冒险的事情，但时任 hyubshin CEO 文熙秀的挑战精神，让它变成了现实。设置在甲川上的水幕，对于现在来说比较普遍的弹跳喷嘴，都是通过无数次的实验来制作完成的。一开始对这一切都不敢想象，但最终还是成功了。后来国外的设计师们也不由得称赞我们的喷嘴。当时弹跳喷嘴若要是从国外进口，单价高达1800万韩元，组织委员会也开玩笑地问是不是用黄金制成的。最后依靠韩国国内技术制作成功，单价降低到了进口价的 1/4。

在 Rainbow Scape 工作期间记忆深刻的是在春川市昭阳江 1、2 桥之间建设的 100m 高射喷泉项目，当时位于一山市的韩国国内喷射最高的喷泉也只有 50m。为了能在快速流淌的河流中，顺利将水喷射到 100m 的高度，也经过了反复的实验。之后相继在栗洞公园、庆州普门湖等地也建设了 100m 高射喷泉。最早的音乐喷泉应该是 1991 年在乐天游乐园以国外技术建造的。之后 Rainbow Scape 在南原旅游园区内以韩国国内技术，设计安装并运行了首个音乐喷泉，这对国内的音乐喷泉开发具有重要意义。我个人认为，hyubshin CEO 文熙秀和 Rainbow Scape CEO 郑云益是为韩国国内水景行业的发展做出贡献最多的人。从时序来讲，文熙秀代表打造了水景行业的基石，郑云益代表让水景行业的发展更加蓬勃。

在 changinn 建设工作期间，还参与了世界杯喷泉和一山湖公园内的高阳音乐喷泉项目。高阳音乐喷泉是为纪念京畿道和西班牙巴塞罗那签署友好城市而建的。喷水台的水槽、设备等构件都是在西班牙国内设计完成的，形体也是由西班牙蒙特胡依克广场转变而来。这是与西班牙技术人员合作的过程中体会较多的项目。

高阳音乐喷泉。该项目总指挥西班牙水景专家说："卖车是按方向盘、轮胎等拆开标价后进行销售吗？喷泉也是一个完整的产品，也是艺术作品，不能这么计算。水景空间是由管道及喷嘴等多个要素集合而成的，它们组合呈现的景观是一个完整作品。"

说到体会比较深刻，能否稍微具体一点。是技术层面得到了进一步提升的意思吗？

比技术层面感受更深的，应该是对水景空间的认识。比如在我们韩国连螺栓、螺帽的价钱都要求公开。但西班牙却相反，不需要公开喷水台的构成和计费清单。

当时负责该项目的总指挥是 75 岁的老专家，他对自己的设计有相当强的自豪感。开始，先给他介绍了我们的做法，然后要求按照我们韩国国内的标准，把具体配件和设备列个清单。他反而跟我们说道："韩国不是有个叫现代的汽车公司吗？那么它们销售汽车的时候，是按方向盘、轮胎等拆开标价后进行销售吗？喷泉也是一个完整的产品，也是艺术作品，不能这么计算。"而且他说的"水景空间是由管道及喷嘴等多个要素集合而成的，它们组合呈现的景观是一个完整作品"。我对此也有很强的认同感。当时我就想：我们韩国要是也能出现这样的想法该多好啊。目前，喷嘴价格的市场竞争比较激烈，就怕在品质上出现什么问题。

据说，自从 2005 年独立开始，只做水景设计方面的工作。但这种情况应该不是很多吧。

自从与水景工作结缘之后，不断积累了造景方面的知识，也开始有了自己所追求的方向。但大部分水景设施公司都是以施工为背景的，与我个人的想法有所不同，所以自己独立，开始专门做水景空间的设计。其实现在也差不多，以前单独拿出一部分资金，做水景设施设计是不可能的。当时主要是为了揽施工工程，设计是免费赠送的，设计和施工是互补的关系。在 IMF 以后，设计和施工的互补关系开始脱节，但也不意味着单独收取设计费用。当初为了提高设计水平注入大量资金的企业开始面临问题。希望关于水景设施设计的技术和付出的努力，有一天能得到社会的认可。并且希望，像我一样专门从事水景设施设计的人能更多一些。委托水景设计最多的单位是水景设施企业，其次是造景设计事务所、建筑设计事务所。

水景的施设只要有详细图纸，设备、电器等其他专业技术人员也可以负责施工，但设计完全不一样。所以水景设施企业在实施过程中，受到时间或工程复杂等因素的影响，委托设计单位进行设计。我独立出来之后不久，通过国内的 local 建设设计事务所，拿到了安藤忠雄济州岛项目的水景设施。这是一个细腻、技术上很难处理的项目，而且设计费也不高，可能出于这个原因，很多设计公司也放弃了。这个项目是壁泉设计，一开始是沿着斜面流淌，然后沿着垂直面流淌，但转换过程中水不能溅起来。接手以后思考过很多，以前积累的经验也起到了非常重要的作用，但直到竣工为止还是没有 100% 的把握。竣工之后，从项目负责人那里听到设计很成功的时候，才更加坚定了应该发展水景设施设计事业的信念。在造景设计初期阶段，水景设施的设计部分是先以类似的水景设施设计图纸来代替。拿下工程之后，由承担水景设施施工的单位负责调整设计的情况也不少。但最近，部分发包单位开始意识到免费服务设计不出好作品，重金委托设计公司的情况也不断增加。免费的设计服务在内容修改和质量上都难以保障，开始投入资金重视设计的意识转变应该是个好现象。

与高阳音乐喷泉一同建设的小瀑布和旱地喷泉

水景设施看起来非常复杂。以后想要从事水景工作的话，您看需要做哪些准备？

水景作为造景空间的一部分，应具备造景学所应具备的较强的设计基础。继续深入，也要具备机械设备和土木的相关知识。所以要成为水景方面的专家，有机械和土木专业基础的，学过造景的人会更有优势，也就是需要掌握各专业领域的知识。

对水景设施来讲，最先接触的就是预算，这方面的能力也很重要。土木和机械都会学到流体，但造景专业与其相反，这就是相互之间的区别。所以，在水景专家当中土木和机械出身的比较多。有些人还说高中读机械，大学读造景的人；在大学从机械转到造景专业的人更适合做水景。

那么水景设施专业知识的教育现状如何。

没有专门开设水景设施教育的机构。都是参加工作之后，在实践当中不断积累知识。对职员进行水景设施培训的公司太少了，据我了解，目前只有两三个公司给职员进行专门的水景设施培训。但此类企业内部的培训，也没有标准大纲，只能根据讲授人的情况而定。还有的企业是搜集其他企业的设计资料，通过自己来摸索水景设施的专业知识。所以只能了解计算书上可见的，缺乏对其他要素的考虑，经常出现问题。要做好数理计算，一定要充分了解喷嘴、管子、泵等相关部件，但往往还是缺乏这方面的了解。比如，水泵中有流量和扬程。流量和扬程应该看作互补关系，但是把两个单独考虑和设计，可能会出现超负荷运转，导致水泵破损。也就是说不能只靠计算来完成。

设计之前还得要梳理好喷嘴与管子、泵的相互关系，否则会容易出现实际效果达不到设计意图的情况。泵与喷嘴的连接管线过长时，会出现损失压力的情况，这叫水头损失，需要充分考虑。在喷嘴需要 100 的压力，那么要考虑到传送过程中的压力损失，要是不考虑损失，水泵只发送 100 的压力，到达喷嘴的压力也可能只有 20。达到理想的呈现效果，需要考虑多方面的因素。

不可能保证所有的设计都没有丝毫的问题，所以要事先解决可能出现的问题，一定要到现场多看一看，要不然出现的问题会更多。

希望今后，一些水景企业能整理出在制作水槽时，防水坎和水位的相互关系、潜水泵的设置深度和泵动力之间的关系等标准化数据。

在造景空间中水的作用越来越突出。作为水景专家，对从事造景设计和施工的人员想说点什么？

水景要是从设计角度去看，100% 是景观要素。但往细部一看，其实都是机械设备和电气装置。造景出身的技术人员，很难理解关于机械的内容。所以相关技术问题上，希望能与水景专家多一些沟通，在设计过程中能够遵守最基本的原则。比如，想设计喷射高度达 10m 的水景，水槽的宽度也至少要达到 10m 左右。同样要设计高 3m 的瀑布，也要设计相应大小的下部水槽。如设计溪流，从顶部水槽开始流淌，经过小溪流到底部水槽中。所以根据小溪的宽度和顶部水槽的大小，确定底部水槽空间。这是因为循环系统需要将底部水槽的水抽到顶部水槽，同时下部水槽要保持一定的水位。设计不合理，可能会导致下部水槽的水被抽干的情况，这是过于考虑空间设计，疏忽了水的循环。但是最近，因为与水景公司的衔接工作做得比较到位，没有出现大的问题。

如果把水景分为参与型水景设施和观赏型水景设施两种类型来看，近来像旱地喷泉一样，儿童直接接触水的参与型水景设施不断增加，水质管理工作非常重要。所以不能只考虑能看到的，像水质一样不容易被发现的部分，也要多加考虑。在计划初期，也要提出水质净化设备部分的预算。水景需要设置集中的装备，不能像造景工程按照面积为单位计算。而且除了基本施工费用之外，还应包括今后的维护管理和水质净化装备等费用。

水景设施相关信息

整理 朴光润 记者

水景设施主要材料用语

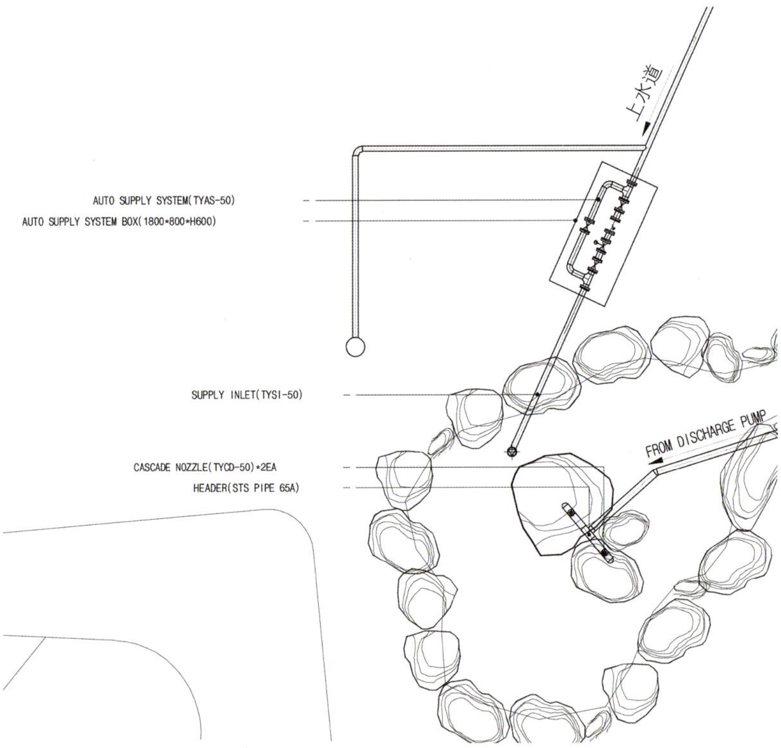

池塘设备详图

水景设施的种类

1. 池塘

作为蓄水的水景设施，根据形态分为人工池塘和自然池塘。

2. 人工瀑布、壁泉

利用水的垂直落差的水景设施。

3. 喷泉

施加外部压力使水垂直喷射的水景设施，包括普通喷泉、造型喷泉、程控喷泉、音乐喷泉等。

4. 戏水池、人工溪流

水深较浅的水槽的一种，水深只到儿童的膝盖以下，主要用于儿童玩耍的水景设施。

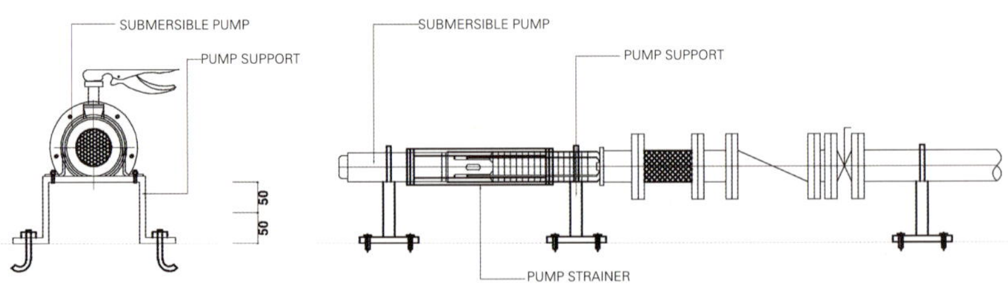

泵设置详图

供水材料

1.Supply Inlet

往水槽内注水或补水时，起供水作用。

2.Pump

①改变流体的压力，通过管道输送流体的机器。泵可以分为潜水泵和地上泵，地上泵需要单独设置机械室，便于维护管理，但与潜水泵相比费用高。潜水泵是设置在水内的，空间的利用率高，但维护管理不是很方便，而且影响美观。

②泵的大小（公称通径及电机额定输出）与种类要在满足喷水量和扬程的前提下，主要依据设计来确定。

③离心泵使用符合 KS B 7505 规定的小型多级离心泵或符合质量标准的不锈钢立式多级离心泵。

3.Nozzle

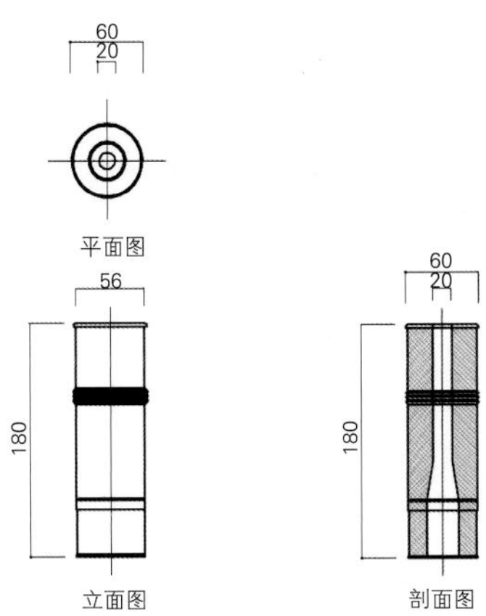

安全喷嘴

①作为喷泉的出水孔，是利用了加大液体喷出的压力和缩小喷嘴的横断面面积，使压力能量转变为速度能量的原理。喷嘴必须是不锈钢的或者是镀金防锈的。根据种类喷水的效果不同，通过 Supply Inlet 水槽内注满一定水量之后，才能正常启动。

②要按设计图纸的形态和规格选择喷嘴，并且要保证质量问题，材质要满足 KS D 8302 规定的铜及铜合金树脂 2 种 1 级（BNC1）镍铬镀金要求，厚度也要符合规定。

4.Canopy

设置在管道的喷水口或吸入口，既防止泛水及溅水，又可以防止涡流及浮游物的侵袭。

水位调节材料

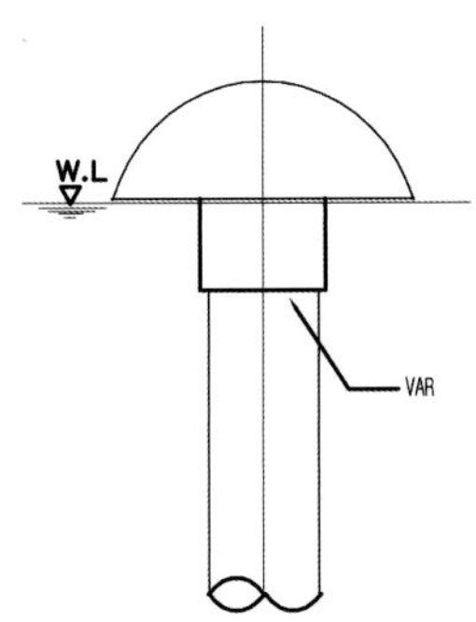

溢流口

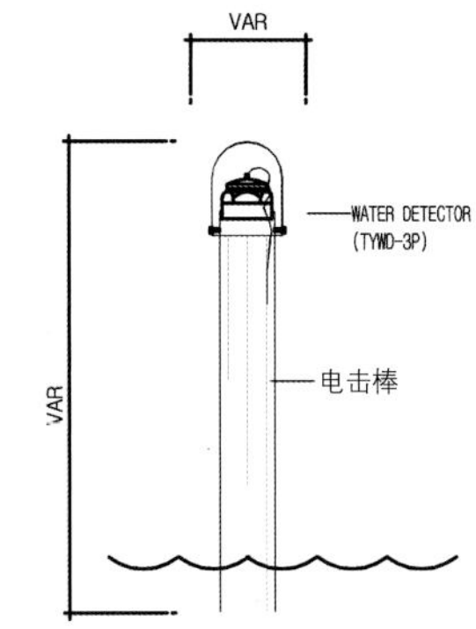

检波器

1.Over Flow

设置在水槽的侧面或水面的最上端，水位上升时通过 Over Flow 排水，保持水槽内的规定水位。主要防止天气变化带来的暴雨等突发性的水位上升。

2.Water Detector

对水位的上升或降低情况通过感应向 By Pass 发送信号，保持水槽一定水位的设备。

3. 水位调节器的产品生产严格执行国家标准，如采用电子感应或浮游形式时，要确保运转的安全性。

排水材料

1.Floor Drain

位于池塘的底部，用于清扫或冬季的排水。

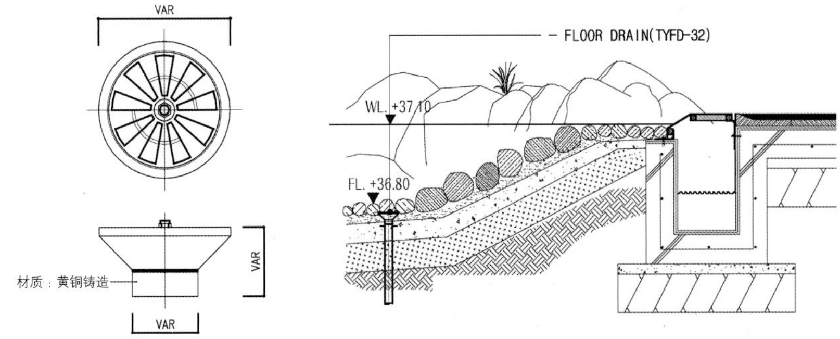

地面排水管

2. 闸阀（valve）

是控制水流的阀门，与 Floor Drain 连接调节排水。

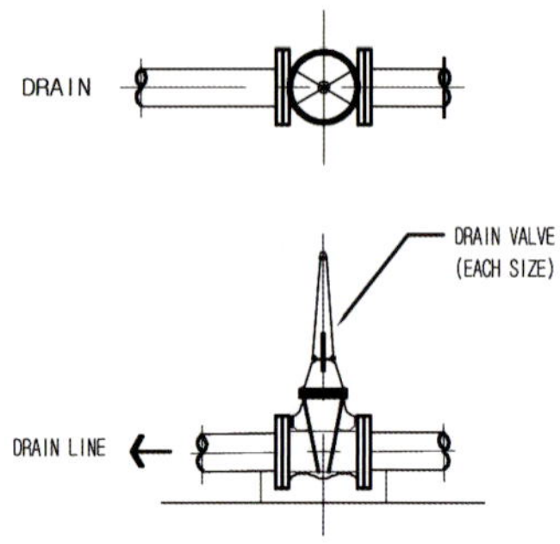

制水阀

电器材料

1.Under Water Light

是用于呈现喷泉夜景的备件，能够增强喷泉的美感。水底灯的种类有地埋型和直立型。直立型是可以移动，也可以调整灯光方向。地埋型是固定的、不可移动的，作用有限。

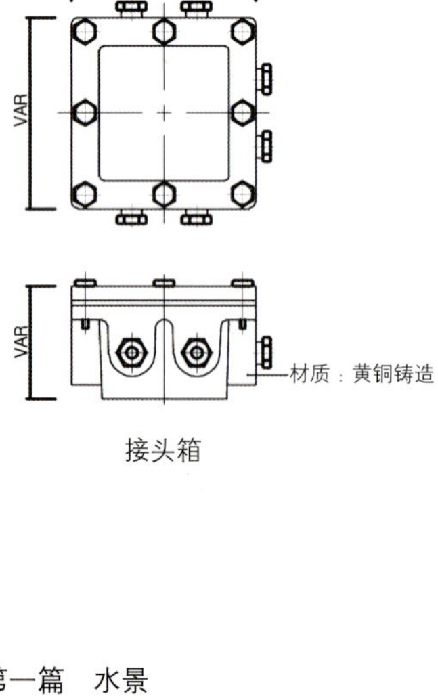

接头箱

2.Joint Box

是保证水底灯及潜水泵与水中电缆连接安全的设备。为了确保防水，盖用橡胶包装后，用螺栓固定。

水景设施施工一般事项

水景设施施工注意事项

1. 水景设施是由多个机械设备组成的有机整体，根据所要上演的水景，有效组合相关设备。

2. 检测、修理、清洁等维护管理要经济有效。

3. 需要谋求应对漏电事故等安全问题的预防设施及对策。

4. 不能搬出的设备或埋在混凝土内的管线等对耐久性要求较高的设施，要选择耐老化的材料和施工方式。

5. 要确保充分的上水、中水、河流水、湖泊水等供水源及补充水源。

6. 多利用自然原理，减少对电机等人工能源的过度依赖。

7. 要适应地域的地形地貌及气象特征，满足地方条例。

管线、阀门的材料及施工

1. 管线

①水景设施中的管线是供水流淌的管子。管线主要采用钢管、PVC 管、PE 管、铜管等。

②贯通混凝土地面或墙壁的管线，要在灌注混凝土之前埋设。连接部要选用适合的防水材料，确保无漏水事故发生。贯通混凝土部分的管线材质要选择合成树脂及不锈钢等耐久性较强的材料。供水管选用符合 KS D 3576 规定的 STS304 不锈钢管。

③不锈钢管的切割要使用专用切割机或专用刀片，切割角要保证直角，并保证切割面的光滑。与其他配件相连接时，切割面要清理干净。

④不锈钢管的连接采用氩焊接，连接部件也要选用同一材质。连接前，必须检查内部是否留有异物，然后再进行焊接。施工过

程中也要防止异物的进入，保护好管内的清洁度。

⑤管线设置尽量要减少连接点，但是转弯处要设置连接件。不能为了改变管线的走向，对管材进行弯曲。除了特殊情况之外，不能在现场进行切割。对管线进行弯曲时，避免接头受力过大，而且管线与接头的连接必须使用专业设备。

⑥管线走向发生变化时，要选用弯头。管径发生变化时，要选用异径管接头。

⑦管线的埋设深度不得高于土壤冰冻线，并且要保证地基的稳定性。

⑧管线的铺设要以“从低往高”为原则，有外接头的管线也要往上铺设。

⑨完成管线铺设之后，铺上0.1m以上的细沙或软土保护层之后，进行回填夯实。

⑩过滤网的材质选择中，管径50mm以下的管线选用铸铁或青铜Y型螺丝型，管径65mm以上的管线选用铸铁Y型或U型。过滤网主要是防止吸入的污染物对泵造成损伤。同时为了避免异物堵塞喷嘴，需要设置不锈钢材质的小过滤网。

2. 阀门

①阀门是为控制水流而设置的可开闭的机械部件总称。阀门的种类及名称，根据图纸而定，主要选用不锈钢、铸铁、铜等材料。从截止、调节、导流的三个功能出发，要合理配置阀门。

②闸阀要选用KS B 2301所规定的青铜阀门中极限压力达到0.98MPa的螺丝型或法兰型阀门。根据连接的管径50mm以下的选用螺丝型阀门，管径65mm以上的可以选用螺丝型或法兰型阀门。

③制水阀要选用KS B 2332所规定的极限压力达到0.74MPa的自来水管制水阀。

④制水阀保护桶是选用当地规定的产品或混凝土箱。

⑤阀门要安装在便于操控、维护检查及更换的位置，并且要有相应的空间。

⑥为了避免受到机械运行带来的震动、升温所引起的膨胀、收缩、地震、下沉等来自外部因素的影响，要进行必要的加固。

⑦连接管线或其他配件时，不能用力过度。尤其是螺丝型阀门，避免管线接入过深挤压阀门内部，还要避免死扣现象。

⑧管线和阀门要通过恰当的标记，反映阀门的作用、管线的作用及特征、水的流向等信息。

⑨要设置阀门箱。

3. 接头

①管接头是连接管线的配件。根据管线的种类有各式各样的接头，如：直角连接的弯头、T型接头、Y型接头、十字形接头、U型接头等。

②外接头、异径管接头、弯头、T接头、帽等连接件材料要与管线材料相同，不能出现裂缝、扭曲、气孔等缺陷。

③管线与接头连接时，要注意胶垫。连接部位有螺丝时，为了避免管子表面受损，使用扳手为宜。

泵、机械室

1. 泵选用发电机与泵体通过轴直接连接的潜水泵，要符合运行条件。

2. 为了避免发生卧式或立式泵的倾斜和下沉现象，使用螺栓进行加固。

3. 泵要离吸水地面及墙体相隔一定距离，可以避免漩涡和空气的吸入。具体内容要与制造企业进行沟通。

4. 从管理效率的角度需要设置单独的机械室。但是使用潜水泵时，不需要单独设置机械室，可以设置在喷水槽的底部。

5. 机械室的大小按照设计图纸，确保电机、过滤设施、照明设施、中央调节设备等设施的设置空间，还要设置台阶或梯子，便于维护的同时，设置门锁避免随意出入。

照明灯及电力一般事项

1. 对以水为主要要素的水景设施来说，使用泵和照明是不可避免的。但他们都有潜在的危险性，所以要严格遵守电气设备技术标准。

2. 用于水景设施的电压种类繁多，机械室内引入四相 380V 配电箱，维持一定的电压。

3. 水槽内设置的喷泉设备和在 30V 以上运行的所有电路中都要设置 A 等级的电路切断器，避免出现漏电事故，在 30V 以下运行的设备，要按产品说明书的内容进行保护。

4. 供照明的电路最大电压不能超过 150V，所有电路都要有很好的耐水性，并且要与水完全分离，不能出现连接点。

5. 照明灯的水下深度不能超过设置标准，也不能露出水面，不能使用超过定额标准的灯泡。

6. 照明灯的金属材料部分，只能进行接地抵抗值低于 10Ω 的工程。

防水及制水

1. 防水是主要防止防水层外部的地下水和渗水的侵袭，防水材料可以用胶粘剂粘贴，也可以选用固定方式，铺设防水材料后要做保护处理。

2. 常用的防水隔膜有丁烯、EPDM 等胶膜材料，PVC、HDPE、CPE、CSPE 及氯磺化聚乙烯合成橡胶等塑胶材料，改良沥青薄膜材料，HDPE/ 膨润土混合垫层薄膜材料，混合叠层板等。

3. 用于防水材料粘贴的材料有表面调节剂、粘贴剂、油漆稀释剂及清理剂，并且根据薄膜的材料选择厂家指定的粘贴剂。

4. 做防水处理之前，要确认表面的坡度、平整等状态是否符合要求。尤其是要检查好防水末端有地漏、管道等容易出现问题的地方，事先要对表面进行清理，符合作业条件之后再进行防水处理。最好是监督人员事先对表面状态进行确认。

5. 技术人员要按照生产厂家的指定步骤进行施工，要粘贴匀称牢固，避免出现内留小气泡和褶皱的现象。

6. 防水处理结束之后，要进行漏水实验，检查没有异常后进行后期面层处理。

各水景设施施工方法

池塘

1. 准备工作

①为确保池塘水质和水源，要编制水利规划，包括对滞洪方面的对策。

②要对现状水系进行改线时，要整治好水系两岸，避免造成不利影响。

③地下水位高或流出地下水的地方，要设置排放涌水的排水设施。

2. 土方工程

①要进行地基开挖及基础工程、地坪填土、场地平整等土方工程。

②池塘底部的夯土含水率要低于 10%，一次压实的土沙厚度为 0.3m。

3. 地面处理

1）黏土地面

①要按照国际土壤学会分类的粒径标准选择黏土，选用黏性强、内含有机物较少的黏土。

②根据实验筛选出的黏土要堆放在平坦的场地上，下雨时要

及时盖上以免淋湿。夏季要避免出现干燥或温度过高，要采取遮光措施。

③铺一层粒子细小、黏性较强的黏土。

④为了防止渗水及外流铺设HDPE卷材（厚度2mm以上）时，要利用无纺布保护材料。

⑤地面铺设碎石时，为了保护防水材料，事先铺好保护层，尤其是注意连接部位。

⑥地面与岸边连接部位，为了防止发生漏水，黏土及PE卷材要叠层修筑。

2）混凝土地面

①混凝土地面要避免出现漏水现象，选用防水混凝土或在混凝土表面进行防水处理。

②混凝土结构和结合部，要选用水膨胀止水板，防止出现漏水。

③做好防水的地面，再抹砂浆保护层，保护防水地面。

4. 护岸修筑

1）自然式池塘

①护岸修筑基础工程要先保护好现有防水层后再进行施工。

②修筑护岸时，通过防水处理避免出现外流现象。并且要对护岸进行夯实及结构加固，防止护岸结构的松动。

③修筑护岸用耐水性较差的石材砌筑时，要进行防水剂防腐处理。

2）人工池塘

①护岸的防水要做到比基准水面至少高出0.1m。

②湿砌方式结构要为排放涌水设置排水口或盲暗渠。

③地基和修筑体松软的地方，要事先做好加固措施后再进行修筑。

④修筑的人工池塘护岸，不能影响周边的排水体系和生态环境。

5. 供水及排水

①排水口分为排干池塘内水的地面排水口和为保持一定水位而设置的溢流口。

②溢流口的设置高度与目标基准水面高度一致。

③放养鱼的池塘以自然流水、地下水等自然水源为主，使用自来水时，要通过净水设施供给适合鱼类生存的净化水。

④供水口和排水口的设置不能暴露在外部。

⑤供水口需要设置在基准水位以上，设在基准水位以下时，要将做好防水的钢管、热融着PE管延伸至基准水面以上。

⑥排干池塘水后清理堆积物时，为防止防水层受损，要另设出入口。要确保自然方式的供水和排水。

6. 净水设施

①净水设施不能暴露在外，要埋设在地下。要设在外部时，应通过绿化或其他设施进行封闭。

②确保机械室内的清澈水质，水要不停地循环。

③机械设备为提高施工及维护管理的效率，要整合设置在一处，并附设照明及换气设施。

④机械室要设在地下时，为防止渗水要进行防水处理，在机械室内的最低点设置排水口及强制式自动排水泵。

7. 表面及面层处理

①面层为混凝土时，选用的磨具要平整，面层凹凸不平时，要进行打磨或抛光让面层变得平滑。

②砂浆保护层要按照设计达到一定厚度，为确保防水面不遭受破坏，后期面层要平滑。

③面层为瓷砖时，粘贴在混凝土上的瓷砖要选用吸水率较低的瓷砖，粘贴砂浆选用颗粒匀称的沙和粘合力较强的水泥。

④面层为石材时，要防止在材料的连接部位出现漏水现象，填充防水砂浆或防水填充剂。粘贴石材时，受渗水影响容易造成脱落，因此要选用高强度粘贴砂浆。

人工瀑布及壁泉

1. 一般事项

①为修筑垂直的结构体，将基础部位、结构体、面层处理分开施工。

②基础采用钢筋混凝土，结构体采用钢骨架及钢筋混凝土，面层采用自然石砌筑、石筑、石面、强化树脂等。

③人工瀑布和壁泉、溪流的结构体要经过结构力学计算之后，确定形态。

2. 土方工程

人工瀑布及壁泉的结构体基础要考虑集中受力，经过结构计算及设计后，选定适合工法。

3. 地面处理 ☞ 参照池塘《地面处理》

4. 护岸修筑 ☞ 参照池塘《护岸处理》

5. 泉修筑

①选用与周边环境协调的自然石材。

②注意施工引起的自然环境破坏。

6. 壁泉及人工瀑布修筑

①选用混凝土、自然石、人造石、FRP 人造岩、合成树脂、其他材料。

② FRP 及 GRC 人造岩要选用 KS M 3305、KS L 2327、KS L 2508、KS L 2313 标准件或同等以上的材料，颜色和形态采用自然石的固有形态和颜色。

③ FRP 及 GRC 人造岩要具备充分的强度，满足承载力要求，单张板的厚度要在 5mm(±2%)以上。

④ FRP 及 GRC 人造岩的铁结构物是将“¬”角铁利用锚固螺栓固定在混凝土挡土墙上，可以抵抗风压。并涂上抗腐蚀性漆，避免出现腐蚀现象。

⑤要根据混凝土墙面的铁结构物形态安装单张板，通过色彩和形态的精细施工，弱化连接部位，并且处理连接部的防水问题。

⑥板的安装结束之后，为了更加自然一些，在人造岩上涂颜色。

⑦避免出现壁泉及溪流的流水外漏现象，要在施工前计算好日最大降水量。

⑧壁泉及瀑布下方的水池要满足一定的大小和形态，以免出现流水飞溅的现象。

7. 供水及排水 ☞ 参照池塘《供水及排水》

①建造后的水量、水势等要自然一些，具体内容要依据设计图纸及工程示方书。

②人工瀑布及壁泉、溪流在冬季避免出现冰冻现象，在水槽底部设置排水口。有单独机械室时，每个管道都要设置排水阀，使用潜水泵时，要在喷水口前端设置排水阀。

8. 净水设施 ☞ 参照池塘《净水设施》

9. 表面及面层处理 ☞ 参照池塘《表面及面层处理》

喷泉

1. 地基开挖及基础工程

①考虑结构体的负荷，进行夯实及铺碎石地基。

②结构体地面要考虑自然排水，确定排水口的高度后进行施工。

③基础分切块混凝土和钢筋混凝土两部分进行浇筑。

④钢筋混凝土在完成配筋之后，利用隔片将钢筋完全固定之后进行浇筑。

⑤施工过程中要连续浇灌，以免出现不必要的施工印迹。

2. 结构体

①浇筑混凝土之前要铺设水槽内的供水及排水管线。

②结构体的形状为圆形或复杂形体时，分部位打好模具并组合牢固之后，进行混凝土浇筑。

③结构体浇筑之前，一定要用隔片固定钢筋之后，进行浇筑。

④施工过程中要连续浇灌，以免出现不必要的施工印迹。

⑤浇筑混凝土之后，要对结构体表面的凸起和粗糙面进行打磨平滑，保证后续工程开展顺利。

⑥结构体要防止从水槽中渗水，对面向水池的墙壁和地面进行防水处理。

⑦喷泉的结构体及面层处理，要选用水密性较高的材料，确保正常发挥其功能。为了提高结构体的水密性，使用水泥混凝土时，要依据建筑工程标准示方书。

3. 管线及附属设施 ☞ 参照《管线、阀门的材料及施工》

4. 机械设施构造物 ☞ 参照《机械室》

5. 电器及照明设施 ☞ 参照《照明灯及电力一办事项》

6. 表面及面层处理 ☞ 参照池塘《表面及面层处理》

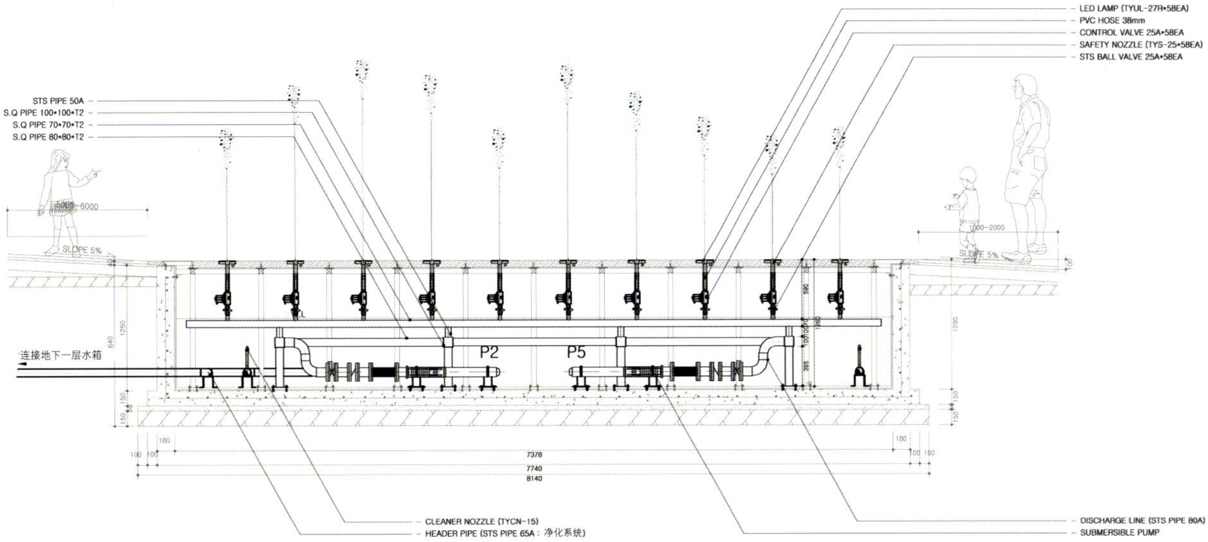

旱地喷泉设备剖面图

戏水池及人工小溪

1. 供水、排水、躯体工程等
☞ 参照相关工程

各设施维护管理

1. 为了确保潜水泵正常工作，要对电流表的负荷、绝缘抵抗、电机状态、防锈情况、线路是否破损等进行具体检查，发现问题要及时找出原因并采取措施。

2. 为了确保横轴泵正常工作，要对泵的负荷、轴的转动声及振动、联轴器的状态、螺栓及帽的松紧、是否存在漏水、润滑油状况、绝缘抵抗等具体情况进行检查。

3. 考虑到潜水灯具的照明效果及安全，要检查机械、电力、光学等方面的性能是否良好，尤其是通过绝缘监测，查看各个线路是否有异常现象，如有问题及时找出原因并采取措施。

4. 要对喷嘴的演出特征、喷嘴角度、喷水高度、喷散范围、阀门开闭、防锈情况、堵塞等具体情况进行检测维护。

5. 过滤设备要检查设备的运行情况、过滤网状态、管线及阀门的防锈及漏水情况、池塘水质等具体情况。过滤设备的维护管理不能只考虑过滤设施，也要考虑水源总量、季节变化等因素，设定标准调节相互关系。

6. 消毒灭藻设备要检查设备的运行情况、材料状态、管线及阀门的防锈及漏水情况、消毒灭藻浓度或强度。为达到最佳消毒灭藻效果，要根据季节或使用目的调节设备的使用时间、杀菌浓度。

7. 水景设施控制面板要检查外壳、仪表板、仪表内部、计时器、漏电断路器、绝缘状态等具体情况。此外还要确认保险丝及指示灯等必备品的储备情况。

8. 用于水景设施的音响、特殊激光或影像、燃烧、空气压缩、冬季启动的、利用海水的等各种特殊设备，要采取单独的维护管理措施。

9. 要对水景设施进行定期维护，没有净化设施的每月要求维护 1 次，有净化设施的每年要求维护 4 次。

资料：Aquatech Korea. 造景工程标准示方书（2008）
图：Dong Yang Watertech

水景设施的水质标准及管理方案

适合保健卫生及设施维护的水质标准及污染防治方案

整理　孙石范　记者

在炎热的夏季，包括旱地喷泉在内的各种水景设施，不仅能给城市空间内带来清爽感，还能成为孩子们尽情玩耍的水上乐园。要是水质管理没有到位，戏水就存在被细菌感染的危险，所以必须要及时制定相关措施。现有法律条文中没有明确的水质相关规定，喷泉水质只能参照饮用水或泳池用水等相关标准执行，因此业内呼吁尽快制定水景设施水质标准的呼声越来越高。[1]

目前对水景设施的水质标准及方案明确指示的有《造景工程标准示方书（2008）》和首尔市的《2009年夏季水景设施水质管理计划》，下面介绍以上两个文件的相关内容。

一、水质及管理标准

关于水景设施的水质，在《造景工程标准示方书》的第16章“水景设施”中有以下内容。

（一）水景用水水质

1. 依据环境政策基本法第10条第2款，按照同法实施令第2条实施。

2. 水质标准适用河流、湖泊、地下水、海域的标准（水质环境标准），且根据水景设施的目的，适用合适水质标准，具体事项按《造景工程标准示方书》实施。

3. 地下水环境标准项目及水质标准按照《自来水法》第4条和第11条，自来水法实施令第15条，自来水法实施细则第2条、第3条、第4条的中水水质标准的相关规定执行。

4. 水景设施的水质按照用途选择不同的标准，一般适用以下标准（表1）。

水景设施的水质一般标准　　表1

区分	亲水用水	景观用水	自然观赏用水
氢离子浓度（pH）	6.5~8.5	6.5~8.5	5.8~8.6
生物学氧气需求量（BOD）（mg/l）	3以下	6以下	5以下
浮游物质量（SS）（mg/l）	5以下	15以下	15以下
恶臭	洁净	洁净	洁净
透明度（m）	1以上	1以下	1以下
大肠菌数（MPN/100ml）	1000以下	5000以下	5000以下
水质指标鱼类群	朝鲜少鳞鳜，高丽雅罗鱼，银鱼，眼黑鱼，韩国急流鲶等	鲤鱼，鲫鱼，鳗鱼，鲇鱼，泥鳅等	鲤鱼，鲫鱼，鳗鱼，鲇鱼，泥鳅等

1　2007年民主党议员李洛渊等10人提议过《关于水景设施水质管理等的法律提案》，但是遭环境劳动委员会的强烈反对而废除。之后京畿道在2008年11月5日作为地方政府第一个公布了《京畿道维护喷泉水质适用标准条例》，首尔市也实施了《喷泉等水景设施管理指南》

同时，依据首尔市的《2009年夏季水景设施水质管理计划》，随着水景设施中的旱地喷泉和溪流等与身体有接触的设施不断增加，旱地喷泉的标准按照《关于体育设施设置、利用的法律实施细则》第23条的游泳池水质管理标准实施（表2）。并且对水景设施进行定期的清理和检修、随时及定期水质检测，较好地保持水质（表3）。尤其是雨水流入之后或外部投入异物之后，要及时委托保健所或保健环境研究院进行水质检测。

水质检测不达标，要粘贴禁止靠近指示的同时，立即停止运转。要分析原因和重新实行水质改善及检测后，水质达标才能重新启动。另一方面，在管理方面也要通过随时检测，如发现恶臭、水苔、浊度、浮游物等方面的问题及时处理，保持好最佳的清洁状态。还要随时检查蓄水设施、电机泵、安全护栏等喷水设施，预防安全事故的发生（表4）。

水景设施水质检测项目及管理标准（首尔市）　　表2

检测项目	标准	备注
氢离子浓度	5.8~8.6mg/l 以内	
游离残留氯	0.4~1.0mg/l 以内	可以用携带型实验设备现场测定
浊度	2.8NTU 以下	NTU（Nephelometric Turbidty Unit）浊度单位
高锰酸钾消费量	12.0mg/l 以下	
大肠菌群	2/10ml×5tube 以下	5个10ml实验用水中，阳性在两个以下

水景设施水质检测实施标准（首尔市）　　表3

区分		启动时期			备注
		3~6月	7~8月	9~11月	
水质检测	随时	每周1次	每日1次	每周1次	委托辖区保健所检测或自备检测仪检测
	定期	每月1次	每月两次	每月1次	委托辖区保健所或首尔市保健环境研究院检测

水景设施检查标准（首尔市）　　表4

管理领域	启动时期			备注
	3～6月	7～8月	9～11月	
检查设备及清扫	随时	随时	随时	
设备等安全检查	每月1次	每月1次	每月1次	有照明设施时随时检查
替换蓄水	每周1次	每周3次	每周1次	每周1次，每星期五进行 每周3次，每星期二、四、六进行
消毒等卫生状况检查	每日1次	每日1次	每日1次	

二、水质污染防治方法

在《造景工程标准示方书》的第16章“水景设施”中关于水景设施的水质污染防治方法的内容如下：

1. 控制水景设施水质污染的方法，要制定从污染物的源头开始到排放的综合管理对策。

2. 为选定符合水景设施目的的水质维护、设备及管线的保护、设备功能维护、外观保护的水质污染防治方法，要调查水源水质、持有水量和水景设施的规模及目的、水景设施的周边环境等内容。

3. 水景设施水质污染防治设备的处理方法有物理处理、化学处理、生物处理。根据目的选择不同处理方法的同时，也要满足环境保护法、建设技术管理法、工程示方书的内容。

（一）物理处理法

1）格栅（Screen）

格栅是水体流入水景设施的第一个处理阶段，根据格栅的有效间距分别设置粗格栅、中格栅、细格栅。考虑浮游物的粒子大小选择格栅，根据使用目的还可以设置旋转格栅，选择便于管理的位置。

2）沉淀

沉淀是靠重力清除浮游物中的固体物的方法，分离固体和液体的工程，根据适用目的可以分为清净与浓缩。

①清净

由沉淀槽、快速凝结沉淀槽等设备组成，主要用于以获取干净的上等水为目的的时候。

②浓缩

由浓缩槽、离心分离器等设备组成，主要用于在流入大量污泥的水景设施中生成浓缩污泥为目的的时候。

3）沉渣池

作为清除流入水中的碎石、砂、其他金属配件等杂质的设施，可以分为水道型、带漏斗的曝气式、带去砂石器的沉渣池、旋风型，类型的选择主要是根据水景设施的位置而确定。

4）漂浮

主要作为在比水轻的物质较多时采用的方法，有空气漂浮、容器内空气漂浮、真空漂浮三个方法，需要设置圆形或方形的沉淀槽结构物。此方法在室内水景空间或特殊水景空间内需要时选用。

5）过滤

过滤是针对无法沉淀处理的浮游细微粒子进行的处理方式，利用于小面积的水景空间。

① 微过滤

去除绿藻等浮游生物或其他浮游物的处理方法，基本是采用细孔钢丝网过滤，但需要逆流洗涤。

② 硅藻土过滤

是在细孔钢丝网或纤维网上铺上硅藻土形成薄膜后，进行过滤的方法。需要经过形成硅藻土膜、过滤及添加硅藻土、去除硅藻土膜的流程，但是需要经过添加硅藻土等复杂的流程，选择此方法时要慎重。

③ 压力过滤

压力过滤器是在钢制水箱内设置过滤设备和排水设施的过滤设施，过滤率和急速砂过滤纸同样在 6 ~ 10m/h 左右。

④ 缓速砂过滤

不需要经过化学处理，而且是在浊度较低的情况下，比较常用的方法。过滤率在 3 ~ 6m/d 左右。

⑤ 高速砂过滤

是在城市供水系统中常用的净水方法，又称重力式急速过滤设施。需要经过过滤、凝结、沉淀等复杂流程的工法。

6）吸附

不能通过化学、生物方式处理的低浓度有害物，通过吸附方式进行去除。

（二）化学处理法

1）中化及 pH 调节

酸性或碱性的水不仅不利于生物，还腐蚀铁或混凝土,所以要使用中化剂调节土壤酸度（pH）值。此处理方式应用于生态池塘或钢筋混凝土池塘。

2）杀菌

作为只杀病菌的方式，采用的杀菌剂有氯、臭氧等。

3）化学药品凝结

针对通过正常的沉淀无法去除的悬浊固体，投入化学药品产生凝结沉淀的方法。

（三）生物处理法

是通过微生物分解有机物的方法，主要使用的微生物有细菌、藻类、原生动物等。

1）活性污泥法

活性污泥法是以活性污泥为主体的废水生物处理方法，是向废水中连续通入空气，经一定时间后因好氧性微生物繁殖而吸附与氧化有机物。

2）生物过滤法

在第一个沉淀池利用附着生长于某些固体物表面的微生物（即生物膜），进行有机污水处理的方法。

3）旋转圆板吸附法

在由 PVC 等材料制成的旋转圆盘附着微生物，利用附着微生物进行有机污水处理的方法。

（四）酸化池法

在池塘等大面积溶水池内放入废污水，利用细菌和绿藻的相互作用去除有机物的处理方法。

（五）消化法

适用于高浓度废污水的处理方法，有需要通入空气的好气性消化法和不需要通入空气的嫌气性消化法。

水景设施的用途及净化方法　　表 5

水景设施用途	有无生物	目标水质	水质净化方法	消毒及杀藻方法			
				氯	UV	臭氧	铜离子
戏水滨水空间	无	亲水用水	急速过滤法	○	△	○	○
没有戏水的滨水空间	无	亲水用水	急速过滤法	○	○	○	○
			生物过滤法	×	○	△	×
		景观用水	急速过滤法	○	○	○	○
			生物过滤法	×	○	△	×
	有	亲水用水	急速过滤法 + 接触酸化法	×	○	△	×
			生物过滤法	×	○	△	×
		景观用水	急速过滤法	×	○	△	×
			急速过滤法 + 接触酸化法	×	○	△	×
			生物过滤法	×	○	△	×
以观赏为目的的滨水空间	无	亲水用水	亲水过滤法	○	○	○	○
			生物过滤法	×	○	△	×
			接触酸化法	×	○	△	×
		景观用水	急速过滤法	○	○	△	○
			生物过滤法	×	○	△	×
			接触酸化法	×	○	△	×
			有用细菌固定生物膜法	–	–	–	–
	有	景观用水（自然观赏）	急速过滤法 + 接触酸化法	×	○	△	×
			生物过滤法	×	○	△	×
			接触酸化法	×	○	△	×
			有用细菌固定生物膜法	–	–	–	–
以观赏自然为目的的滨水空间	有	自然观赏	急速过滤法 + 接触酸化法	×	○	△	×
			接触酸化法	×	○	△	×
			有用细菌固定生物膜法	–	–	–	–

PUBLIC FACILITIES

第二篇　公共设施

第一章　城市场所中的休息设施

营造舒适的休息场所是否可以被认为是造景学科存在的理由。为使用者营造空间的造景设计师不但考虑城市公园、居住区庭院等场所中的休闲设施，也关注硬质铺装、休息座椅、休息亭和树木遮荫处，并提出与周边环境相适应的设计概念，将这些造景要素进行综合布置就是休息场所的营造过程。本篇的主题是“休息设施”。

在第一章“城市场所中的休息设施”中我们关心的不仅是休息设施的物质特性，也尝试探索更深层的内容。在休息设施原始作用的基础上，提出有关人文、景观、创新的设想，通过对传统空间的分析，探索传统休息设施中固有的历史文化内涵。同时也探讨了适应周边空间环境的色彩和设计流行趋势。希望本文能为现代休息场所设计者提供参考。

坐凳，超越普通价值 / 李春洪 (Lee, Choon Hong)

设计师的视角，物质以外的东西 / 李晟苑 (Lee, Seung Won)

休息设施的设计与最新趋势 / 许守静 (Hur, Su Kyoung)

城市空间中休息设施的色彩 / 金郑民 (Kim, Jeong Min)

传统休息设施的种类及特征 / 金英茂等 (Kim, Young Mo)

三顾草庐：对休息空间的畅想 / 黄龙得 (Hwang, Yong Deuk)

坐凳，超越普通价值

李春洪　造景技术师

等待已久
公园一隅的长条坐凳
早上鸟儿轻落坐凳一端，双肩左右摇摆
鸟儿独坐的长坐凳
日复一日接受阳光的
长长的坐凳
——张硕男的诗歌《长坐凳》节选

在说明坐凳的书中引用诗歌似乎不太合适，这里暂且以张硕男的一首诗作为本文的开始吧。因为日常生活中我们有时需要仰望星空进行畅想。坐凳仅仅是为用来坐下休息而设置的么？凳子上久坐的人到底要做什么呢？

瓦尔登湖的坐凳

美国作家亨利·戴维·梭罗在瓦尔登湖生活过，他记述了坐凳的三种状态，第一是为了独处，第二是为了朋友，第三是为了交友。梭罗描述的这三种功能是相异的，是坐凳拥有的最基本的功能。他描述的坐凳独处功能是指独自一人进行身体和精神的休息。户外坐凳面对孤寂，应该如何设置才能适应周围环境，又将如何布置呢？我们从反省对话出发，感受灵魂自由的坐凳应该从浮躁走向静思。在纷乱外部环境中进行思考时，先要找到合适的场所，坐下，休息，想与自己对话的坐凳是现代人的必需品，但是周围环境会对坐凳的布置产生影响。感受到与自然的交流，在自然中被同化，感觉成为一体时，平时的纷乱和杂念消失了，能够达成心平气和的心态。能够转达这种意境的场所和

休息空间对我们现代人很有必要。长满苔藓的石塔旁有个坐凳，其在无意中掠过的空间中，短暂地担当过轴心点的作用，使得这个坐凳成为包罗万象的时间变化中或面对历史中某个场面的要素。

梭罗称作朋友的坐凳，是指不仅亲切而且可以进行倾诉的关系。称作交友的坐凳是指不仅与其交流，也包含兴趣因素。具有坐功能的坐凳如何布置，以何种形象示人，附近还应配置一些什么设施等，因此，坐凳还担负一定的环境功能和社会功能。

与人类历史相伴的坐凳

那么，我们对坐凳究竟知道多少呢？坐凳虽然跟我们的日常生活关系密切，但我们对其却知之甚少，更进一步说对坐凳给我们身体和精神带来的影响是不是有点无知呢？

坐凳是伴随着人类历史而出现的，在人类的日常生活中，是人类追求平安和舒适生活的必备工具。早在新石器时代有关坐凳和平坐凳的考古发现已经描绘在洞窟壁画中了。具有如此悠久历史的坐凳，在适应人体坐卧的生理功能和人体环境工学等基本功能方面还存在被忽视的倾向。即，历史上坐凳伴随我们一路走来，

某种程度上其基本形态已经逐渐适应了人体的功能需求。坐凳设计不仅忽视了“人们坐卧”这一基本用途，对其辅助用途的忽视也时有发生。室内使用的坐凳类型很多，室外使用的坐凳类型同样也很多。没有靠背的平坐凳虽然方便维护管理，但大多数人仍然喜欢有靠背的椅子，希望依靠在上面享受时光。靠背椅子与人的腰部运动有关，设计中应特别重视人体工学的要求。

具有造型美的坐凳

坐凳除了满足实用性要求外，最近关于形态的讨论也热络了起来，人们开始关注坐凳究竟给予何种精神感受。

这种肩负创意的坐凳，造型独特，不仅活跃了室外空间，也让使用者耳目一新。英国的一个波普艺术家说过“坐凳不是履行实用主义功能的个体，而是表明我们的态度和希望，甚至代表我们身份的文化产物”。对于室内使用者来说这种类型的坐凳是椅子的总称。椅子作为建筑室内设计理念的一种形式，它象征着椅子所有者的社会地位和权力。那么，对于室外公园或广场等类似公共场所的坐凳如何体现其文化性呢？

室外空间布置的坐凳不仅要方便人们休息，也是场所性的代表，是场所形象表演的重要设施。另外，坐凳也能激发起人们的好奇心和想象力。经过精心设计的坐凳等产品在满足其使用功能的同时也实现了其附加价值。如果要设计一件成功的作品，设计师首先要将不同功能组合起来，协调关系，实现外部造型的统一。即，布置一件室外坐凳作品，设计师需要进行非常认真周全的考虑。坐凳的地面铺装、材质与色彩之间是否协调，何处设置成场所的视觉中心等，都是设计师在布局空间要素时必须全面考虑的问题。除了公共场所中安放的平坐凳和靠背椅，在我们生活环境周围能起到视觉中心作用的坐凳设计并不多见。高品质的设计在日常活动中，在我们熟悉的环境中是不是应该不断推陈出新？

超越日常活动的坐凳

室外空间安置坐凳时大部分采用固定地点的方式，因为要防止使用者的故意破坏而造成的坐凳损坏和丢失。然而，最近随着进入公园的市民道德水平的提高，同时采用了新的监控技术，正考虑安放新型坐凳。英国的泰特现代艺术馆是在旧城改造基础上完成的成功实例，设置便携式坐凳是其成功的一个原因。展室入口处配置了便携式坐凳，参观者可自由取用，观赏中意作品时可随时打开放下，坐在坐凳上仔细观摩。这种模式如果用到公园中将会怎样呢？韩国居民喜欢在阴凉处休闲而不愿意在烈日下日光浴，在草地或大树附近配置便携式坐凳，人们一整天都可以移动坐凳享受到阴凉。将电子身份识别系统放置在坐凳上以后更不用担心丢失。装上轮子的可移动坐凳能否实现呢？

另外，赋予坐凳特殊材质也是一个方案。垂柳具有树干弯曲及树枝向下生根的特点，最近在西欧国家公园内这种材质的坐凳就时有出现。虽然这种设计作品不能大批量生产，但是它却顺应了亲近自然环境的发展趋势，也为人们提供了有趣的场所。春天来了长出新叶，夏天能有一把椅子在旺盛的柳枝中坐一下，不是锦上添花么？

必要的创新性

苹果公司的史蒂夫·乔布斯认为创新应作为企业的座右铭。20世纪前卫作曲家约翰·米尔顿·凯奇、特拉温斯基等经常谈论的话题就是创新和转换思考方式的内容。这种创新性并不是简单地存在于艺术中，文化产业和创新产业的权威者约翰·哈特利（John Hartley）在其所著《创新产业》中将创新产业定义为创新艺术（Creative Art）+文化产业（Cultural Industries）。创新就是将创造新概念的技法或者具备新概念特征的对象，转换成产品生产策略或模型，从而生成产品的过程。这样的产品对于艺术家是艺术作品，对策划师就是特别的计划，或者交流沟通的方式。文化产业方面就是一个新奇的作品。创新是从简单的不断变化发展中产生，创新性就是理念的差异性转化成产品的差异性的过程。想象力和尝试下去的意志应是必要前提，还应具备理念的转换能力。仅仅依靠人的体力和技术的创新已经过时，刺激人类感觉的时代已经到来了。不受规则限制的新的理念使所有的设计都具有可能性。坐凳的设计和生产也属于这一范畴，同样需要创新。因此，如果通过创新设计而完成的坐凳，摆放在我们周边，不仅激发了空间活力，满足了视觉感受，也提高了产品的竞争力。Lachen75@naver.com

参考文献：

[1] 伽林•克然兹（Galen Cranz）著．金闵浩译．椅子．知湖出版社，1998.

[2] 高毕宗，张恩硕．城市环境和街道家具设计.mijinsa出版社，2001.

[3] http://blog.naver.com/pieta999.

设计师的视角，物质以外的东西

李晟苑 urion 缘造景设计公司 所长

景观设计基本法《城市公园与绿地法》中没有定义休息及休息设施其意义到底是什么。韩国语辞典中定义的休息是“工作中稍作停顿”的意思，这与景观营造中的空间和设施关于休息的定义有很大不同。造景标准说明书中对“休息及为休息设置的坐凳、桌子、室外桌子、花架、休息亭、凉亭、亭子”的陈述多少有点含糊，表达的不是那么明快清晰。造景入门课程留下痛苦记忆的休息设施！思考随手勾出的形态草图，计算所用材料价格，列出材料表等情节经常浮现在脑海。造景的初创期资料甚少，模仿建筑设计的构思方法，谁都得先去画花架、平坐凳、靠背椅子等内容，回忆起来恰如隔世的感觉。经历了从追求场所性、象征性、意义等概念到以功能、耐久性等简单的形态为主流的设计模式。

所谓的休息空间定义仍然比较模糊，当初认为将虚的空间塞满就是休息空间设计，回想起这一想法至今还觉得害臊。因此，本文对休息空间和休息设施在规划设计中应遵守的基本做法进行整理，希望成为对过去草率设计的反思。

场所性和实物

我们理解的空间类型非常多。我们即使可以感知它、认识它、说明它，但是因为没有固定形态、双手无法触及，所以也不是可以直接描述和分析的实体。

没有围合成一定形状的空间称为“消极空间”（negative space），空间一旦组成了一定的形态，那个地方就是“积极空间”（positive space）。这里所谓形态是由点、线、面、实体、树木、建筑、柱子、墙壁、屋顶等各种物质要素围合成的三维空间，是由明显的形态和边界组成的。人们可以在这种由物质要素确定的“积极空间”中驻足停留，也可以活动。有史以来人们就一直改造“消极空间”为“积极空间”，这种改造意图常常被称之为场所感和场所性。地理学者奥古斯特·赫克舍（August Heckscher）对场所进行过如下描述：“作为存在的物质形态个体所需要的不是地块而是场所，在场所中伸展自我，按照自己的发展脉络争取必要空间，从这种意义上来说，所谓场所不是能用钱买到的，而是普通人在长期生活中形成的。作为爱情的场所赋予了空间尺度和意义，并一直延续下去。”所谓场所，就是通过文脉研究赋予其意义，并发现地块原真性的空间。在这种空间中体现场所性的主要要素就是实物。

过剩与过多

规划空间、场所等物质对象的行为对于设计师来讲是重要能力也是其宿命。对地块功能及空间的安排不过是设计师所起作用之一罢了。不仅对用地进行物质空间规划，解决各种设施的功能分配，还要延续历史文脉，赋予场所一定的意义，同时与当代人的观念保持一致，我们要发掘地块的丰富内涵、趣味性、意外惊喜和美丽。

人们创造的实物在适应自然环境的过程中，一般来讲要以生活实用性为目的，这是实物被创造出来并存在的意义。按照这种理解我们穿衣是为了御寒隔热，筑屋是为了安全和精神有所归宿。但是，却不能解释现代社会出现的“在共同的物质要求下，实物的多样性和基本功能以外的过剩性”。今天社会中出现的过度消费，即所谓“用用就扔”已经超越了经济学的意义了。不仅要满足实用功能，还要在追求幸福、富饶、权位、新奇等生产嗜好中显露一番。文化评论家姜俊万说：“所谓流行就是向普通人日常生活中吹打的风”。这里所称风就是指“嗜好消费”风。政治层面及低效率来看，过度的社会消费之“风”是社会的稳定剂吗？以无任何意义且无厘头的夸张表现设计的所谓休息设施，具体的产品能有多少融入了我们的文化传统，单纯追求量的消费不觉得可笑吗？

熟悉的概念和形态，其他公害

如果仅仅确定实物的一个单一功能，那么它和我们生活的距离只有越来越远。实物与我们的生活相比更具功能复合性，使用中不能保持一贯性，存在着未来变动的可能，因为这也是实物普遍存在的现象。另外实物是依据特殊目的建造的。这里所说“特殊目的”是指满足我们生活中的必需品，

这一目的是通过每件实物所承担的用途实现的。所谓功能是指“满足人们生活的实物的力”。这不仅是由构成实物的各种要素所产生的，实物自身是人类生活的必需品，实物功能具有达到一定目标的普遍性。

所有的实物在生活空间中都有存在的意义。即便实物不通过其实际功能与我们发生关联，也会在使用时或不使用时与我们发生关联。实物通过复合功能和象征意义，生命脉络及由此所引发的特殊联想和意义，与物质的丰富的关联组成“生产功能”。

对场所生疏所产生的否定和不安，全方位与单一视角相比、设计与实物相比、概念与形态相比所产生的主流观点，就是大量使用美化和装饰点缀的政治、经济和通俗的空间及设施罢了。场所的文脉和物质所具有的意义是我们文化生活中必须要解析并发展的观点和视角。

我们只不过是来到所谓的地球这一空间进行短暂停留并消失的存在罢了。留下的是足迹和人工构造物，这就是我们留在地球上的痕迹。所谓的过剩或盈余的溢出具有消极的和非生产性的意味，这不是作为实现实物“生产功能”的认识而存在，而是由生产和消费领域的偏见和短视、欲望等单方面的解释造成的，因此是值得怀疑的。

产品生产企业界认为对每件设施进行的差异化设计具有最高价值，直接参与场所营造的施工企业界逐渐被边缘化，这种反常现象是不是代达罗斯欲望制造的危害，我们应该认真考虑一下。

“设计师不是生产产品而是营造体验，首先应搞清楚使用产品的人的感觉和思想、行动以及人们之间结成的关系。”这是日本设计师原研哉的设计思考。uriyon@naver.com

休息设施的设计与最新趋势

许守静　spacetalk 公司理事

首先，让我们从一个有关坐凳的趣味故事开始说起吧。或许你不知道公园中常见的坐凳与银行的词源相同吧。Banco（坐凳，意大利语中“椅子”的意思）来自 Bank，14 世纪意大利威尼斯大街上，摆上坐凳开始换汇或借贷的各国贸易商人开始将坐凳称之为 bank，时至今日演变成了银行。坐凳已经超越了单纯的休息设施功能，是支撑物物交换和信息交换的空间媒介，从这一角色转换中的事实来看，由于受过去几十年强势建筑的影响，对休息设施所处空间中的位置的解释，似乎感觉比传说中更加缺乏话语权。因此，最近的休息设施设计作品中，通过转换形式和功能的思考方式，增加对空间的多视角解析，设计的产品还是令人欣慰的。城市居民休闲生活和职业拓展业已成为重要话题，因此最近休息设施作品中出现了许多适应这种个性行为的设计方案。另外，通过深入挖掘场所特性，在所谓功能拓展和休息的简单“歇”的基础上，扩展到造型上的美观并能激发人们的兴趣，满足人们的审美需求，创造与自然环境和谐共生的生态设计（ecoism）。

GS 建设扎一项目中的袖珍型休息亭

建筑师杨·盖尔（Jan Gehl）认为室外发生的行为活动有三种形式：上学上班；每日发生的等车、等人等活动,散步、观景、进食、日光浴等外部空间良好时的任意活动；交友聊天、儿童玩耍等公共空间中以人的存在为前提的社会活动。

以下就这三种活动所对应的设计进行展开。

汽车停靠站附近、住宅单元入口等必要活动空间中设置的休息设施

必要活动空间的休息设施放置在临时坐一下然后离开的地方。这种空间的设施遵循可达性、开放性、空间有效利用性等设计理念。人的行走缺乏目的性，随意到处走动，方便设施使用和充分利用有限空间是设计的关键。

公共汽车停车站休息亭及坐凳

步行路上的简易坐凳

传统民居借景手法再利用——休息亭

思考、散步、远望、眺望等随意活动所需要的休息设施

周围景色优美的地方设置的休息设施是以“观赏”作为设计主题。设计概念是以减少必要活动,长时间待在某个地方“享受”安静为主要考虑内容。

这里的重点是减少遮蔽面，保障眺望权。休息亭的柱子起着美景画框的作用，设置平稳舒适的坐凳，并调整坐凳间距，每个坐凳形成独立休息空间。

最近，高层住宅区和小区公园内的景观设计已不亚于旅游场所，有的甚至将外国度假地常见的太阳椅（Sun Bed）形式的设施也放了进去。2010 年纽约现代家具博览会中有几个显眼的太阳椅形态的街道家具，这是专门为全球各地受忙碌竞争之困的公司白领设计的，试图通过设置在城市中心的开放空间区域，起到激发活力、恢复体力的作用。

另外，公共住宅区和公园的主要休息区，将生态莲花池和水景设施的传统休息亭替换成休息花架，不仅能满足眺望要求，结合水体也能设计成集休息、水景观赏于一体的设施。

2010 年纽约现代家居博览会上引人注目的街道家具

与水景结合的休息亭（设计：Spacetalk 公司）

吉音居住区第 8 小区三星来美安茶亭

石头坐凳公园中自然摆放的模式

2010 年 IDEA、IF 获奖作品生态技术垃圾存放台（现代建设 hilistate 项目：spacetalk 公司设计）

为人际交流服务的社会活动休息设施

这类设施一般设置在城市中心的聚会广场、家庭成员周末休闲的公园、高层住宅室外庭院空间中。这里是人们谈天说地、简单进食等进行自然交流的地方。根据交往空间的特点，其休息设施的布置应满足适合小圈子对话的桌子或平坐凳。由于交流人数经常变动，设计的组合型设施比固定型更合适，为了满足更多人的交流，大型公园中应尽量选取高脚凳而少用靠背椅子。

以上简单浏览了适应空间特性的休息设施设计要点。接下来要说明的是休息设施的设计趋势。

国内休息设施设计的需求市场是品牌住宅区。

2010 年 IDEA 获奖作品太阳光多用街道灯 Orbit(Gs 建设扎一)

自然仿生型休息亭

采用天然有机曲线的休息亭

过去，外部环境设计的所有概念都是先在建筑和景观设计中提出，最近，各地方自治团体均开始制定公共设计指南，并在街道设施布局中积极引入设计概念。休息设施设计的趋势可以概括为生态（Eco）、感性、精明（Smart）三种形式。

生态 Eco

生态就是顺应低碳绿色发展趋势，积极进行环境友好型和节能型休息设施设计。借用天然素材或形象图片所设计的各式各样的休息设施已经获得公开展览，最近世界三大设计

弯曲刺槐树干及树枝创作的休息厅（设计：礼建）

保持自然纹理的树干原木镶嵌在石头中做成的坐凳（设计：Spacetalk 公司）

与旋转坐凳结合一体的休息亭（设计：Deosworks 公司）

树叶型游戏用休息亭（设计：Spacetalk 公司）

鸟笼型休息亭（设计：Rovin 公司）

大奖的获奖作品都是环境友好型和节能型景观设施。

从外部造型上可以明显看出这些作品均是使用天然的原始样式、天然的有机纹理线型、不规则碎片型纹理或细部构造等作为主题进行的设计。

从使用的材料上可以看出这些作品均是利用原材料的物质本性完成的设计，完全保留原木的形态，或仅进行弯曲加工，使用了原始的树木枝杈。这些代表作品少了人工加工的突兀感，多了自然流畅及平和宜人的亲切感。

感性

感性准则应与自然主义设计一起进行叙述。想想几年前闹得满城风雨的一则住宅广告。父女二人外出散步的路上，孩子看到路边开满的鲜花感觉很神奇，边跑边说这是“杂草”。父亲教育孩子说：“这世上称之为杂草的花是没有的，这花的名字是观音草”。“儿童便便”，（译者注：观音草

德国德顿公司设计的鸟笼形吊棚

法国某公司设计的 360° 全景休息亭

聪明树（乐天城堡）

和儿童便便前几个音节相同）孩子很得意地咯咯笑着说。“与演员的姓名相比，更愿意培养知道更多花名的儿童”这句经典广告词出现了。这是一则住宅区造景空间中在自然要素基础上演绎的故事。广告表达了都市人在面对冷漠城市空间时，通过外部自然环境的体验，为家庭生活创造一个与众不同的居住空间的愿望。现在的消费者已经不再单纯为了美观而购买，而是倾向于商品的特别意义而进行的购买行为。推测一下休息空间中能够发生的故事，并将此融入设计过程，在休息设施设计中予以表现。柱子和顶棚的花架设置于秘密花园中，造成这种错觉的鸟笼偶然可见，树下阴凉处孩子们荡着秋千窃窃私语，还有类似于旋转坐凳组成的游戏设施。室外的游戏场，儿童不仅可以进行游戏，也出现了充分利用这些新空间进行的游戏体验的设计。

国外也经常见到充分发掘感悟自然的作品。下面介绍的几件产品虽然不是休息设施，但与休息设施的设计有类似的思考方式。德国家具公司“德顿”（Dedon）设计生产的树枝编制鸟笼和法国某公司设计生产的可 360° 观赏的全景透明休息亭。位于室外的这些作品可以不受任何遮挡地观看日出和日落。虽然不是公共使用的休息设施，但因其在自然中设置的形式，以及提供的休息服务方式，这类产品与休息设施的设计理念是一致的。公共性提高会伴随个人或小型社会阶层私有空间需求的增加。在公共设施设计中贯彻个人理念的方法有很多值得研究的课题。

精明 Smart

U-City（智慧城市）国家战略的正式立项预示着与数字结合的休息设施的设计也正式进入必选内容。天气预报等地区信息指导系统和导航仪，小区内的新闻、环境污染指数、与游戏和音乐结合的设施等，甚至功能更加复杂的数字产品的动力能源均来自太阳能。

最近，无线网络、电子设备摆放台、电源供给插座等为手机、笔记本等数字产品在户外的使用提供了便利，也为户外办公创造了条件。

生态、感性、精明等休息设施设计趋势不是各自独立的表现，设计需将这三者进行融会贯通。例如在乐天城内设计标志性聪明树（Smart Tree）时，选取了韩国人最喜欢的童话故事“松树与小王子”中的巨树——面包树作为设计主题。内部采用了无线网络、光伏充电等最先进的技术。那么对于现代城市人来说所谓的休息也许就是在身心放松之外不断花费时间进行信息搜索。

休息设施是人们停留的地方。随着人的欲求的提高和生活方式的改变，休息设施的设计也应因此而变化。未来应将开放空间中摆放的休息设施当做交流和沟通的场所，而不是将其作为建筑构造化的一堵墙。zzzang01@spacetalk.co.kr

城市空间中休息设施的色彩

金郑民　C&D 研究所主任研究员

在谈论“城市空间中休息设施的色彩”的话题之前，有必要对“城市颜色”进行正确的解读。所有的城市都有各自的名称和印象。城市的印象即历史、文化、自然、建筑的积淀和人们在生活中创造的景观，其中蕴涵了固有色彩。城市的色彩分为用肉眼可见和不可见却能感知的两种。虽然有的印象色彩可以通过词汇表达出来，但用词汇表达不了由多种感觉汇集成的视觉印象的情况也是很多的。

有这么一句话“创造美丽的城市色彩就如同栽培一棵大树”。当充满无限的关心和情感去守护成长的城市时，城市的颜色便有了能够增强生动感和丰富感的意义。城市的颜色不只存在于人造建筑物和设施中，也存在于情感、历史、文化、自然的颜色的记忆中。以上所言及的各种关系中，只有确定城市环境色彩设计的明确目的和正确方法，才能进行统一的城市色彩规划。

虽然人们通常认为城市环境色彩设计规划就是用特征色来统一表达城市的形象，然而环境色彩规划是通过表现城市的外在形象和城市“香气”的色彩规划，不是几种颜色上的归纳整理。“环境色彩”是为环境设定的颜色。即直接或间接影响人类生产生活的空间（包含商务空间、休息空间、学校、娱乐设施等公共空间和私人空间）的颜色。构成环境的各种视觉要素如形态、质感、色彩等在城市环境中都是以复合形式存在的。其中，色彩具有多种功能的环境要素，成为公共生活中物质的、心理的指标，它能反映出社会的、经济的、文化的背景。即“环境色彩计划”是以完善环境空间为目标，通过确定颜色、搭配颜色、形成空间色彩整体形象等过程，创造和谐愉快的环境氛围，可以称其为具有影响力的大领域。

环境色彩规划要选择代表地方特点的并受原住民认可的颜色，也是多数人能够共同感受的颜色，这些常用颜色能得到空间使用者的支持。随着认识水平的提高，近期各城市都通过原有形象战略来提高自身的竞争力，并开始建设真实的城市形象识别系统。因此，为表现城市的形象特色各自治团体制定了景观规划条例，对现状城市色彩搭配进行体系化且统一的城市环境色彩指南研究。

可是事实上，很多自治团体均不甚熟悉利用色彩数值对环境色进行控制，对环境色彩规划的重要性认识不足。国外的情况与此不同，各地区均能理解各自辖区的环境色彩规划的意义和地区的色彩标准，围绕自己生活工作的城市景观环境经常举行维护改善环境色彩方面的研讨会，参加研讨会的不仅有地区行政管理专家还有各个阶层的地区居民，将地区的色彩问题列为研究课题，其实际的解决方法通过研讨会解决。另外，作为城市环境色彩规划的一个成功实例，通过制定符合地区实际的缜密的应对方案来解决一些比较棘手的问题被认为是具有优势的。

城市中休息空间的色彩是环境色彩的一部分，休息空间的小品色彩可以是大环境色彩要素中包含空间要素的人为加工的色彩。符合心理安定或愉快的环境色彩规划是休息空间要实现的目标，同时要考虑与城市整体色彩形象的关系。

一、城市环境色彩指南

城市色彩指南的确定过程耗费相当的时间和精力。因为色彩指南将会长期影响到使用者，所以要分析丰富且复杂的色彩构成要素、相互联系及时间上的变化等情况。本次色彩指南的确定过程如表1所示，后面附有几个具体实例。

表 1

调查与分析阶段

- 环境色彩现状分析——自然环境色彩、人工环境色彩
- 市民意愿调查——专家组织、普通市民组织

↓

为城市特色所进行的形象设定战略研究

- 城市结构与基础分析
- 主色调的选定
- 分区域的代表颜色选定

↓

色彩指南的制定

- 制定使用原则——共同指南的标示及设定
- 不同用途和目标的各区域主色调和辅助色调
- 强调色的色相和色调范围的设定
- 随材料而变的色彩范围设定

（一）首尔

为了构建世界性设计之都，首尔市制定并实施了很多政策措施，如设计首尔大街、南山文艺复兴、首尔设计奥林匹克、城市画廊项目等。其中通过“首尔色彩整理及体系化”研究确定了首尔现状色250种、首尔地域色50种。首尔代表色10种、首尔主色调、首尔象征色等，首尔10种代表色中一部分已经在公共小品设计中得到了运用。

1. 首尔现状彩色色谱250种

在首尔市的自然环境、人工环境和人文环境的代表性颜色中进行抽样采色。

从自然环境中选取8个样本→提取87种色彩

从人工环境中选取23个样本→提取127种色彩

从人文环境中选取13个样本→提取36种色彩

首尔现状彩色色谱250种

2. 首尔地域色50种

从首尔现状彩色色谱中的250种颜色中选取了最能代表首尔特点的50种作为首尔地域色。

首尔地域色彩色色谱50种

3. 首尔代表色 10 种

在首尔 50 种地域色中，选定视觉形象出现频率最高的 10 种作为首尔市的代表色。

其选定标准是以市民最具亲近感的少数的几种颜色作为甄选目标。

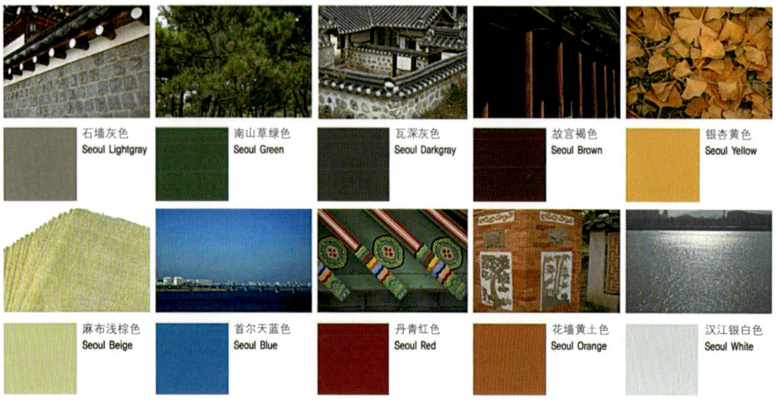

首尔代表色 10 种

4. 首尔主色调——汉江银白色

阳光照耀下银白色的波光粼粼的汉江颜色，崇尚白色的韩民族的颜色，首尔周围山上的花岗石颜色。

首尔主色调——汉江银白色

首尔象征色——丹青红色

5. 首尔象征色——丹青红色

祈福健康与和平的祝愿色，600 年间王宫使用的宫殿颜色，市民最喜欢的颜色。

建议色 600 种（无彩色 62 种 + 彩色 538 种）

（二）小品设施中代表首尔颜色的用色实例

1. 屋顶瓦的深灰色

S-Shop

街道书报亭

2. 故宫褐色

指示牌

专用标示柱

与街道灯共用型

3. 花墙黄土色

海驰出租车

除此之外卫生院的护士制服颜色是石墙灰色，环卫工人制服颜色是结合南山草绿色形成的荧光淡绿色。

（三）京畿道

京畿道每年通过优秀公共小品设计认证制，评选优秀设计作品，引导提升公共小品的设计水平，从而提高城市整体的美观和功能价值。下面随机选取了几件 2010 年京畿道优秀公共小品认证作品，并分析其设计和颜色搭配。

整体来看，采用无彩色系中的灰色和自然印象强烈的红棕色色系中的色相搭配的作品最多。设计样式强调现代感和简约，与城市其他构造物比较容易协调，色调的选择不再使用高彩度，而是采用中、低明度和低彩度，表现的作品具有安定、自然、协调的感觉。

1. 隔音墙

2. 围栏

3. 人行道铺装

4. 树根保护盘

5. 长椅

6. 休息亭

7. 果皮箱

8. 路灯

二、休息空间的小品颜色

满足休息空间各种使用功能设置的小品有坐凳、遮阳篷等，还有与休息设施一起设置的公共小品设施，如卫生设施（果皮箱）、通行指示物（指示牌、引导牌、隔离墩、路灯、避雨处等）、销售设施（售卖台）等。

关于休息设施颜色的审美要素对使用者有何影响曾有人做过研究，人在城市环境中的生活，感觉器官认知并获取信息的比例为：整体占 1%，触觉占 2%，嗅觉占 4%，听觉占 10%，剩下的 83% 取决于视觉。这说明视觉感知对象对人的生活具有绝对影响。

另外，人的意识中对视觉对象的刺激强度随时间变化会逐渐减退，刺激强度最初色彩占 80%，形态占 20%，20 秒以后色彩所占比重急剧降低，最终色彩所占比重降到与形态一致的水平。如此说来那种认为色彩在主导空间氛围或形象的主要要素中所占比重更大一些的见解是较为粗浅的。小品颜色规划虽然属于环境色彩规划的一部分，但却是直接影响使用者的感知领域，所以应该积极进行有关构筑审美过程的研究。

配色过程中，色彩本身并没有好与坏。在与周围的各种相互作用中其形象发生着变化。自然界中有所谓突出色和隐蔽色的色彩使用方法。虽然一般情况下越是高彩度的色彩越容易成为突出色，越是低彩度的色彩越容易成为隐蔽色，但是否是突出色或隐蔽色最终是由背景相关联的周边环境决定的。

虽然以自然绿色为背景的自然公园的木质小品看起来很平静，但是要将这件小品放到色彩明亮的现代公园中就会感觉又黑又沉重。如果将与海边度假村休息空间相协调的高明度的小品设施放到绿荫茂盛的山林中的休息场所，这件小品与周边低明度草绿色的强烈对比将给人一种苍白的感觉。因此以色相、明度、彩度作为基准的色相固有形象，或包含色调的所有形象最终都是由色彩与所处的环境的关系决定的。所以实施色彩规划时对周围环境具有何种色彩的研究是非常重要的。尤其是休息设施周边自然色彩很丰富的情况下，更要充分考虑随季节而变化的自然色彩。

补充说一下，虽然休息设施具有相同的颜色搭配，但其“清一性”和“统一性”的意义是不同的。清一性是外形和颜色简单的相同，而统一性是根据非物质性要素（素材的特性、记忆、印迹等）所反映的造型进行的配色。下面将以 2010 年代表性的公共设计获奖作品为中心探讨一下设计与色彩规划的内容。

Tree Shadow（树的影子）

设计师：金基浩、李钟华（弘益大学）

主办方：华城市

深秋时节枯叶满地，这是一幅表现公园静谧性形象的作品。印象强烈的低明度红棕色自然落叶和明度差异很大的坐凳下部的对比给人以明快的感觉。

Chair-up

设计师：朴硕院、黄志淑（国民大学）

主办方：华城市

用健康和心情都 Cheer-up（振作起来）的理念完成的设计。该作品由岩壁和坐凳两部分组成，岩壁部分因安全要求高度限制到 150cm，坐凳部分设计成普通座位的高度。岩壁采用了浅色调，攀援把手采用了高彩度颜色，这两种色彩搭配对比强烈，给人以愉快、活力和趣味性等印象。

Convergence（集中）

设计师：李慧琳、任知熙（蔚山大学）

主办方：大田市

自行车停车架与坐凳的组合设计压缩了设施所占空间和所花费用，同时坐凳坐板可以拆下来随身携带，方便了旅行者使用，因此要考虑单人和多人就座的场所。白色和中明度灰色的搭配显示城市的现代感和干净简洁的形象。形态设计中可选择树木防护圈功能的圆形，或者有效使用空间的一字形。

FOLD ME！——Origami Bench（可折叠坐凳）

设计师：具庆恩、金岩淑（国民大学）

主办方：大田市

以折纸概念设计的坐凳，板壁竖立起来可以遮阴，折叠后可以用作桌子。使用者可以根据需求改变部分造型并由此获得参与设计的乐趣。浓重的红色和蓝色加深了印象，增添了使用乐趣。

Meet eye level with baby（视线高度的交流）

设计师：朴慧庆，主办方：首尔市

户外活动中的母子经常四目相对进行感情交流，为满足这种休息方式设计了这种坐凳。为了表现出充满爱的色彩形象，选择了高明度的温柔的颜色。

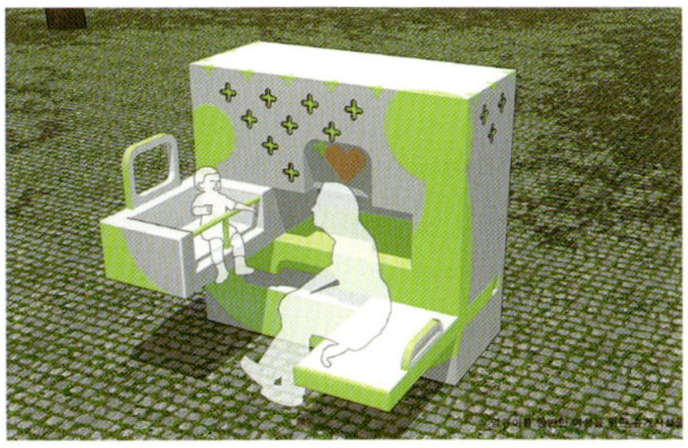

Bench will flow holding nature（**坐凳将在自然中"漂流"**）

设计师：朴先德（建国大学）

主办方：忠南发展研究院公共设计中心

文化活动是从江边开始的。江水拥色而流动，坐凳按过去、现在和未来连接成的流动的媒介来设计。按照形象化的江水波纹，表现了水的形象中柔和与清爽的色彩搭配。

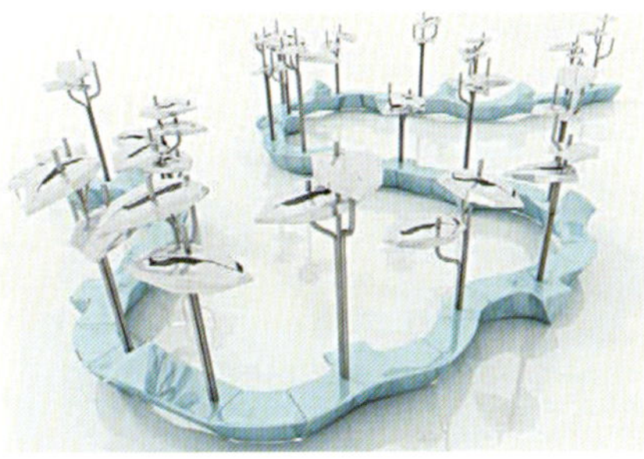

Forest（**森林**）

设计师：允太英、李赛落、李言民

主办方：城南市

森林本身是巨大的生命体。为了给追赶时间的城市现代人提供短暂置身森林的感觉而设计的坐凳。白色是在现代城市中各种空间都可以搭配表现的颜色，具有清爽与无瑕的形象。晚上顶部的照明灯投射温和的豆绿色光，让人体会到森林中的温暖感觉。

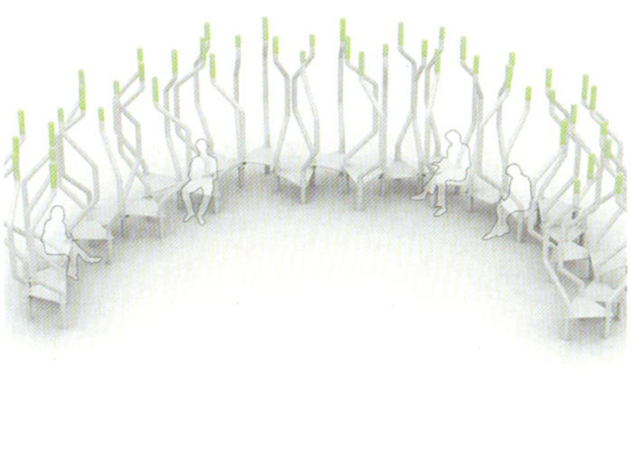

Dog bench and Mr.Steetlight taking a walk（**狗狗坐凳和散步的路灯夫人**）

设计师：金基成、朴基太

主办方：城南市

这是一件坐凳和路灯的复合设计作品，它能带给每日忙碌的城市人一种与日常工作不同的思想空间和新鲜感。虽然遛狗是我们常见的场景，但这次是将素材的独特美和简洁的形式结合进行的设计。色彩仍然保留了不锈钢管的银白色，给人一种冷酷的未来导向性印象。坐凳的坐板采用低明度颜色以稍微区别于其他部分并防止视觉疲劳。

Ong【Ong-gi:pottery with dark brown glaze】（**陶瓷（陶瓷器）**）

设计师：金郑淑、李成彬

主办方：中浪区

坐在总重达 300kg 的圆锥形底的陶瓷容器上面，当容器向一侧倾斜时其内部的珠子、金鱼或睡莲也随着移动。按这一原理设计的坐凳有深刻的哲学思想，为表达现代造型设计，以明度差较大的配色表现了厚重感和现代形象的结合。

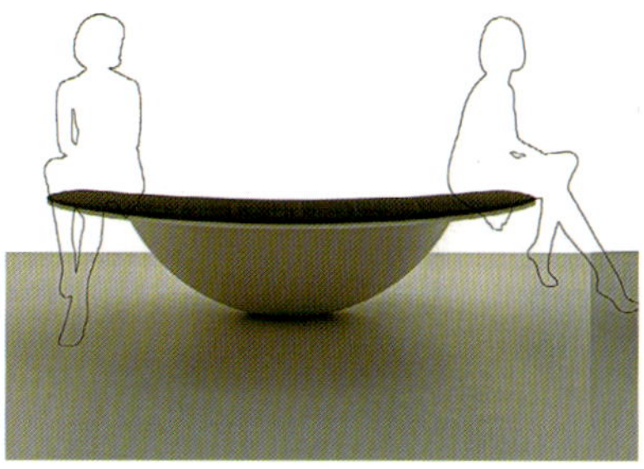

三、休息空间小品色彩规划

休息空间小品的色彩规划首先是对休息空间进行区位及造型分析，明确其使用目的，认识其所处城市环境的必要性。即首先要对休息空间所处的地域既有环境色彩设计指南进行分析；其次必须对使用者偏好的形象进行详细调查；最后通过分析使用者对空间的重要性认识，确定空间应具有何种形象以及确定整体色彩的大方向。

通过分析明确空间个体的移动及行为，采用线型及面型分析方法，把握连续性色彩方向感，考虑"色与色"、"色与造型"、"色与环境"之间的联系从而进行综合判断。为了形成美的景观环境，应该制定与自然环境相协调的四季变化的亲环境色彩方案，同时还要考虑材料（质感）原始色彩范围的差异。

除此之外，要制定体现空间特征的色彩方案，确保既整体统一又具有个性，完善提高色彩选用及高效管理方案。

传统休息设施的种类及特性

金英茂、卢闵禹、权午英　韩国传统文化学校　传统造景系

随着生活水平的提高和户外休闲活动时间的延长，人们开始关心大大小小的室外休息空间。设置在休息空间中的休息设施也因需要如雨后春笋般多了起来。《造景设计标准（2007）》中对“休息空间”描述为“遮阳板、太阳伞、户外桌子、平桌子、休息亭等以使用者休息为目的而布置的设施”。

那么，传统休息空间中有没有类似于今天的休息设施呢？答案是肯定的。我们传统空间中也存在着与当今形态和功能类似的各种休息设施。内容包括如下四个部分：树下清凉绿荫中安置的休息床；葡萄架等紫藤攀援形成的具有多种用途的花架；遮挡日光和雨水的天幕形式的遮日；今天仍在户外空间中使用的具有遮蔽作用（Shelter）的楼、台、阁、榭、亭等。

作者不详《风俗图屏》局部

一、床

（一）概念

床的形式是指上有平板，下有床腿支撑，让人悬腿而坐的设施。我们常用的书桌、饭桌，或者夏季农村凉棚下安置的平板床、宽大岩石等天然石材，或由石头经加工而成的坐凳都属于床的范畴。

如此说来，床不应是单一功能的具体设施，应理解成具有平坦表面的设施的总称。其中，户外休息设施用木质材料的称之为平床，石头材质的称之为石床、石塌等。

首先有必要细致分析一下休息设施中的“石床”及类似的“石塌”。由于古代文献中“石榻”用词大部分出现在与休息有关的文献中。因此所谓“石榻”所指的内容更准确的表述应是记载于史料上的传统休息设施分类，这将在更深入的文献研究中介绍。本文讲述传统中具有休息设施功能的石床和石榻，并着重介绍平床。

（二）材料及形态

1. 石床及石榻[1]

石床及石榻（以下简称石榻）顾名思义是用石材做成的。石榻按照材料和形态的特点大体分成两种，一种是未经人工加工的平平的天然岩石，另一种是在加工完成的后期长台石上放置板石。

天然岩石形态的石榻在茶山草堂（译者注：朝鲜后期住宅，位于韩国全罗南道江津郡道岩面万德里）的茶竈[2]和潇洒园（译者注：一座具有韩国传统风貌的民间庭院位于全罗南道潭阳郡南面芝谷里）图中的榻岩中可见。二者均位于园林中，承担主要休息功能的是平坦的天然岩石，通过其名称可以更好地理解它的含义。位于昌德宫乐善斋附近上凉亭前的石榻是石材经加工做成的，另外沈荃、安中植“人物画”中描绘的石榻均具有固定的形态。

2. 平床

平床是指以实木或竹子为材料制成的休息设施。这些产品广泛分布在王室和民间的很多地方。平床分为细板床和宽板床两类。细板床是指将一组窄木板按照一定间距排起来，在地板上做成的长方形的平床；宽板床是用宽木板采用细木板一样的方式组成的平床。特别是用宽木板做成的玛鲁，放到屋外院子里，夏季的夜晚可以赏月观星，这种设施称之为移动式玛鲁。[3]

天然岩石形态的茶山草堂茶竈

用加工石材制作的昌德宫上凉亭前的石榻

金弘道的《三公不换图》中有位儒生躺在可移动平床上。李在宽的《高士闲日图》中儒生斜着身子坐在怪石和芭蕉树前的平床上，平床上摆满了书，前面的童子在烧水，夏日的场景非常生动[4]。

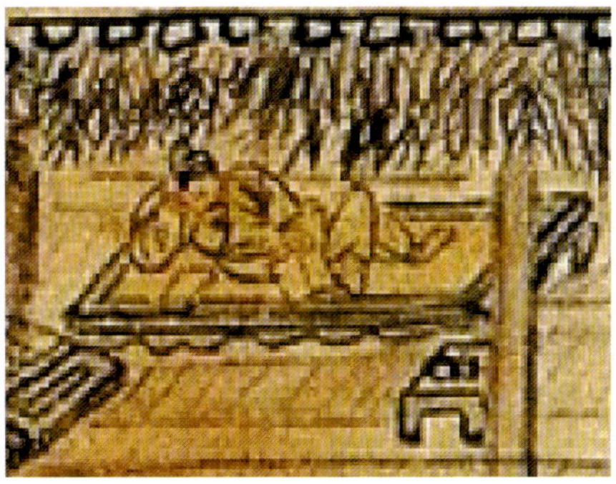

金弘道《三公不换图》局部

李在观《高士闲日图》局部

（三）功能

石榻和平床的用途在《潇洒园 48 咏》的第 19 咏和《旅轩集》[5]中可以查到。文献中是指坐卧休息或准备睡觉的意思。这些内容曾经出现在尹斗绪《松下闲谈图》和《树下午睡图》中。

在石榻和平床上享受平静闲适的业余活动,《秋江集》[6]和《玉山诗稿》中有对下围棋和弹奏玄鹤琴的描写。另外《海东杂录》[7]中也有搬动平床享受读书乐趣的记载。如此说来石榻和平床除了传统空间中的休息功能外，更能用其举行其他传统活动。昌德宫上凉亭前面的石榻已不仅具有单纯的坐的用途，因为位置独特，可以在此眺望南山和周边景色。

1 石榻是大型天然石板，或把大块石头加工成石板，放在院子里，人在上面悬腿而坐或像丁茶山草堂一样煮茶畅饮的石材。虽然东阙图中未见石床，现存昌德宫乐善斋后院上凉亭前与新璇源殿庭院前侧台上的石灯皆为第一批文物，玉流川地区为第二批文物。引自宫阙造景文化

2 茶山是煮茶的地方，帝皇商游人册中与茶有关的话题“饮午茶”是其全部。引自郑灿民．茶山的园林及考察．全南大学研究生院景观系硕士论文，2004：28

3 www.emuseum.go.kr(选自“e- 博物馆”网站）

4 徐有榘著．安大会注释．山水间造屋 .dolbegae 出版社，2005：329

5 朝鲜中期文臣、学者张显光（1554-1637 年）诗文集

6 朝鲜前期生六臣中南孝温（1454-1492 年）诗文集

7 朝鲜仁祖时期学者竹所权鳖（1589-1671 年）著述的，从箕子朝鲜到高丽后期史迹和至朝鲜初期的集大成的人物列传文献说话集

尹斗绪《松下闲谈图》

尹斗绪《树下午睡图》

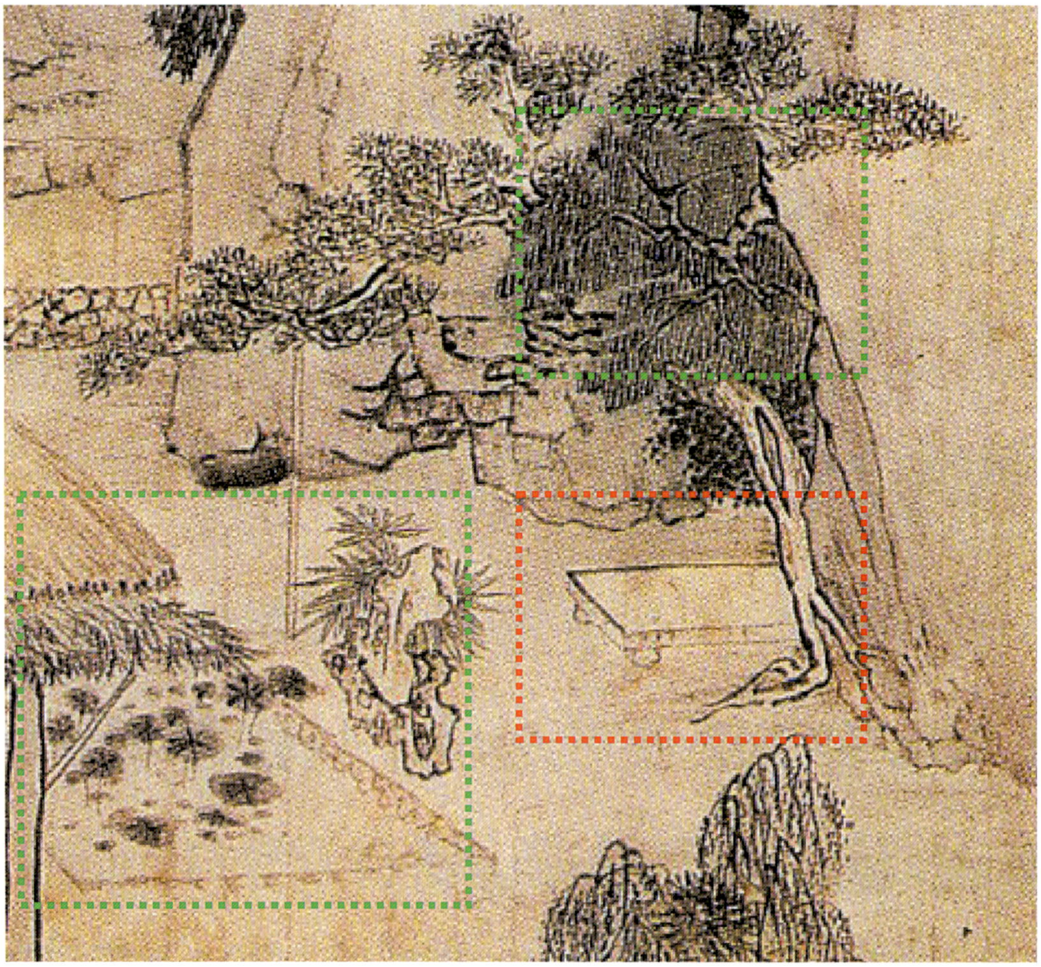

金弘道《檀园图》局部

（四）设置位置

如考察一下石榻和平床在实际生活空间中的设置位置，可以更加清晰地了解休息设施的使用情况。石榻和平床大都安置在院子或宽敞的场所中，一般都有大树提供庇荫场所。

另外并不是以单纯的坐卧休息为目的，而是将石榻和平床同周围景色一起考虑，创造安静闲适的休息气氛。通过以下三幅图片资料可以说明，金弘道的《檀园图》中的池塘和怪石，郑善的《仁谷精舍》中的廊架和怪石，《风俗图屏》中的花木和怪石。这三幅图都是将周围的景观要素纳入其中，石榻和石床成了空间中唯一的视觉焦点，其具有代表场所要素的景观特征。

二、廊架

（一）概念

廊架一般是指一种放在上面挂住东西的设施。廊架有架、棚、架子、棚栈等称谓。因此，廊架在古代生活中的众多用途可见一斑。例如农业生产中的蚕架、把书放在高处的书架、官衙中陈放兵器的架子等。传统用在休息设施中的廊架是与藤蔓植物一起出现的。廊架架设以后，藤蔓植物攀援而上，使得廊架不仅是观赏的对象，也提供给人们绿荫休息空间。

（二）材料和形态

廊架的材料和形态与今天的花架非常类似。郑善的《仁谷精舍》中将长方形架子两边安装相同高度的柱子，柱子上面使用相互缠绕扣紧的簾模样的构造物，这种形态就是廊架。与此不同，《玉壶亭图》中刻画的是较大一些的廊架。通过这个实例可以

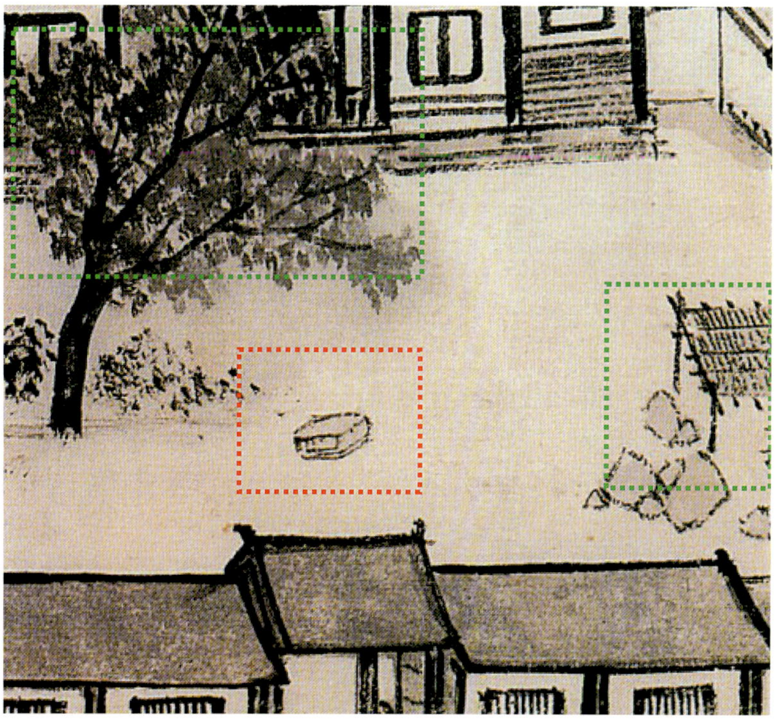

郑善《仁谷精舍》局部

作者不详《风俗图屏》局部

看到廊架的大小不同结构材料也不一样。《鹅溪遗稿》[1] 中制作廊架的主要材料是竹子。当然一般来说不仅竹子，周边材料中比较方便找到的都可以用来做廊架的材料。

1　朝鲜中期文臣、学者李山海（1539–1609 年）诗文集

《山林经济》[1]中记载了廊架与上述类型的细微差异。其主要内容介绍了促使发芽后的山药[2]藤蔓向上攀爬搭起的架子，这种架子与凉亭式的廊架不同，它是扶持植物攀爬为目的的支柱或称架子。

郑善的《仁谷精舍》局部

（三）廊架下栽种的植物

廊架下植栽蔓茎类的葡萄、五味子、图美[3]、多花紫藤等。植物生长中爬上廊架开花、结果，同时在炎热夏季提供绿色绿荫环境。《玉壶亭图》中出现了葡萄架和五味子架，由此可以了解植栽植物的命名和差异。《玉壶亭图》中还可以看到向左右展开的葡萄架的形状，这与阳光渗透到树冠内部以满足葡萄的生长需求有关。

"五味子"的形态，
作者不详《玉壶亭图》局部

"葡萄架"的形态，
作者不详《玉壶亭图》局部

（四）功能

廊架的主要功能是支撑植物生长。从一篇古诗文中可以看出廊架不仅具有支持功能，还具有景观、香气、遮阴、消暑等多种作用。

1. 景观

《东文选》[4]中登载的李人复的诗文将葡萄的形态比喻成布，看成是青萝被碧缕衣。葡萄色与自然景物融为一体，如同绿色的地气和彩云一般。

2. 香气

作为藤蔓植物载体的廊架，其派生的要素也不能不说。朝鲜后期西洋画家小痴许练（1809–1892年）[5]去过北岳山和仁王山相交的河谷地带的石坡亭以后，描写了庭院的组成，书中对藤蔓植物爬上廊架开着红色花并散发着香气的印象描写深刻。

3. 阴影，消暑

翻开《东国李相国集》[6]可以看到有在葡萄架上把葡萄藤蔓反复编织形成遮日的记载。感受绿荫的清凉感，遮蔽午后的太阳，甚至对露水形成过程都进行了描述。由藤蔓密集排列的藤架，其露空的顶部形成易辨认的形态。根据廊架的高度和形态，廊架下部成为封闭空间，有效阻挡了炽热的阳光，还起着遮挡雨水的作用。

4. 果实

葡萄是廊架上攀援植物中最常见的，可以在诗文中找到对葡萄果实和用途的记载。《四佳集》[7]诗文中对葡萄味道描写的比西瓜甜比牛奶柔，而不吝惜用最好的赞美词。另外，由于希望经常品尝这种滋味，就有了将葡萄酒放在旁边可以随时喝一口的愿望。书中也记载了这种味道非常出色，具有将积压在心中的烦恼一扫而光的功效。

1 朝鲜肃宗时期实学者流岩洪万选（1643–1715年）对农业和日常生活记载的小百科辞典式书籍
2 称为麻、山芋或薯蓣，又称黄独，味道与山药相同
3 蔷薇科藤蔓植物，初夏开具有淡蓝色纹理的白色花，其颜色恰似图美酒，因此称之为图美花（韩国古典翻译院）
4 朝鲜前期文臣徐居正将收集的诗歌编辑成的诗文集
5 朝鲜后期的书画家秋史金正喜的弟子，精通文章、绘画、书法世称三绝
6 高丽文臣李魁报（1168–1241年）的诗文集
7 朝鲜前期的文臣、学者徐居正的诗文集

三、遮日

（一）概念

一般来讲遮日从字面意思理解是指遮蔽太阳光，即挡住直射日光的幕结构设施。设置遮日的最根本的目的是将外部的直射光线和雨水遮挡住。朝鲜时代不仅宫廷中，一般老百姓也广泛使用遮日，通过观察与王室相关的各种记录画，刻画民间的风俗画，遮日当时已经得到广泛推广。

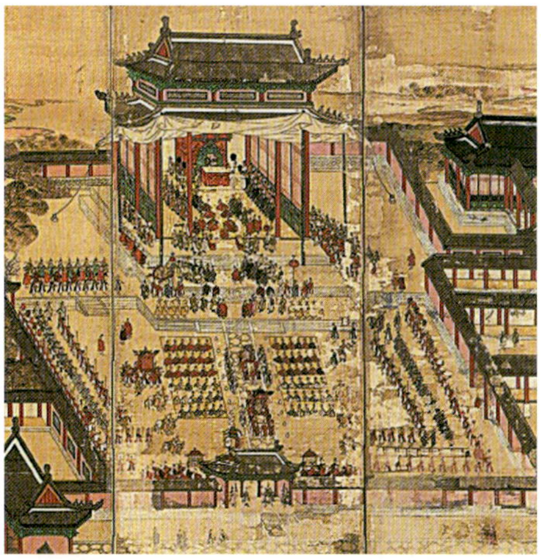

《宪宗嘉礼图屏》局部

《平壤监司乡宴图——浮碧楼宴会》局部

作者不详《平生图——小科应试》局部

《朝鲜王朝实录》[1]中为遮蔽风雨有设置遮日的记录，《新增东国与地胜揽》[2]中出现了映花堂女儿墙前面的东侧设置遮日的有关叙述，据记载其高度可达长度的十倍，遮日将周围的树木都包括了进去。多数图画资料描写的遮日外形也是这样。

（二）材料

《戊申年进餐图——仁政殿陈贺》局部

遮日的材料及外形有些许差异。宫中使用的遮日帐一般用织物做帐篷，竹子做构造材料（称作遮日竹），用绳子将帐篷伸展开，以及用固定绳将遮日固定在地上。遮日的幕构造主要采用粗布。根据《朝鲜王朝实录》的记载[3]，即使制作一个遮日，也要消耗几捆的粗布，征集起来不是简单的事情。从各种文献记录可以知道粗布以外还采用麻布、黑布、葛布、麻、丝绸等。支撑遮日的构造材料出现在《朝鲜王朝实录》[4]和《承政院日记》[5]中，采用重量轻、顺直的竹子，名曰遮日竹。宫中为了征集遮日竹每年向各地政府分摊一定的任务，必要时需要紧急调运。《林下笔记》[6]和《朝鲜王朝实录》[7]记载了连接遮日帐篷和遮日竹的材料中使用的草绳子和线绳。

---

1 《朝鲜王朝实录》太宗十七年丁酉（1417 年，永乐十五年），5 月 9 日（甲午）

2 《新增东国与地胜揽》新增东国与地胜揽，第二卷，备考篇

3 《朝鲜王朝实录》宣祖二十七年甲午（1594 年,万历二十二年）4 月 23 日（辛未）。《朝鲜王朝实录》英祖即位年甲辰（1724 年，雍正二年）10 月 20 日（庚寅）

4 《朝鲜王朝实录》光海君二年庚戌（1610 年，万历三十八年）10 月 16 日（丁亥）

5 《承政院日记》仁祖三年乙丑（1625 年，天启五年）2 月 7 日（丙戌）

6 笔写本，39 卷 33 册，1871 年（高宗八年）关于朝鲜和中国的诸多领域事情，以作者渊博知识所进行的著述

7 《朝鲜王朝实录》肃宗七年申酉（1681 年，康熙二十年）8 月 23 日（癸卯）

（三）种类

1. 按材料类型分

通过对各种历史记录和图画资料的分析，按制作材料的类型可将遮日分为白木大遮日、油芚遮日、满箭遮日。一般常用的是白木大遮日和油芚遮日。

白木大遮日顾名思义是用粗布做成的白色巨大的遮日。粗布的收集不仅较方便，而且重量轻，结构自由简单。尽管在室外使用，但由于不具有防雨水功能，受外部天气的影响较明显。油芚遮日采用的是用油浸泡过的布。这种遮日一般条件下满足遮蔽日光，提供阴凉地，同时对小型的降雨也有一定的阻挡作用。

独立遮日——昌庆宫瑞葱台《明庙朝瑞葱试艺图》局部

遮阳的形式，金弘道《慕堂平生图——初度弧筵》局部

虽然从图画直接查找有关油芚遮日绘画较为困难，但据《朝鲜王朝实录》中的关于油芚遮日中的很多内容推测[1]，其使用是很频繁的。满箭遮日与油芚遮日类似，因为缺少确切的文字描述，了解其外形和构造较为困难。出现在仪轨修正条文中，通过对不再使用的外形描述，可以推测应是以木结构为主架设的。

2. 按设置类型分

遮日形态按设置目的和场所大致分为两种。一种是依附建筑物而设的，这种形式主要是宫阙、官衙、大户人家等在大院子里举行特殊庆祝活动时使用。遮日的一侧固定在建筑殿阁上，一般情况下架设在建筑的柱基或舞台形式的辅阶上。遮日的架设起着保护参加礼仪活动的来宾和礼仪空间的作用，另外遮日成为延伸室内空间，又能限定礼仪空间的一种工具。

另一种遮日是独立架设的。这种情况主要是没有依附的建筑物或在户外要举办仪式和活动。从图画资料推测帐殿周围的区域划分是通过设置挥帐进行的。

建筑物附设的遮日，金弘道《平生图——三日游街》局部

现代的膜构造休息亭

1 《朝鲜王朝实录》宣祖二十七年甲午（1594 年，万历二十二年）4 月 23 日（辛未），《朝鲜王朝实录》光海君八年丙辰（1616 年，万历四十四年）5 月 25 日（甲午），《朝鲜王朝实录》光海君十二年庚申（1620 年，泰昌元年）3 月 16 日（甲午）

（四）遮日和遮阳的差异

传统住宅建筑中常见的遮阳，从更广的意义上来看应该属于遮日的范畴。遮阳如果用木材或钢材等固定，呈现半永久性使用的话，与遮日又有很大区别。遮日的主要材料是膜，是一次性以遮挡日照为目的的临时搭建设施[1]。另外，架设遮阳主要是为了在建筑内部使用，遮日着重在建筑外部使用，遮阳偏向于建筑层面与遮日不同。

结论，遮日与今天广泛使用的休息设施或帐篷的主要区别仅在膜构造设施和屋顶材料上，建筑结构是相似的。

过去的遮日，金弘道《平生图——回婚礼》

四、楼亭

（一）种类

1. 楼

《园冶》[2]中《说文》云："重屋曰楼"。《尔雅》[3]云："陕而修曲为楼。言窗牖虚开，诸孔？然也。造式，如堂高一层者是也"。另外李奎报[4]在《四轮亭记》中将"两层的房子"定义为楼。以此推测楼的形态特征应是两层以上，人们可以从下面进进出出的高大建筑。

中层型三陟竹西楼

1 崔志荣．朝鲜时代宫中礼仪中使用的遮日功能及特性研究：19世纪以后宫中宴享为中心．汉阳大学建筑研究生院，2009

2 明朝末年造园家计成1631年著述完成。对园林和别墅建造原理和具体手法进行了系统论述，被评价为了解中国园林的最重要文献

3 中国最悠久字书，被称为儒家的13经之一

4 高丽时代的文臣，文人，著名文章家，他的诗风曾经风靡一时。曾以《陈情表》击退蒙古军队的侵犯。著述《东国李相国集》，《曲先生传》等，作品有《东明王篇》等

2. 台

高坛上建的潇洒园——待凤台

《园冶》中“《释名》云：‘台者，持也。言筑土坚高，能自胜持也。’园林之台，或掇石而高上平者；或木架高而版平无屋者；或楼阁前出一步而敞者，俱为台”。另外用石头堆成的和用木材捆绑到一定高度的也称之为台。以此推测台应是具有建筑支撑的构造形态。另外《康熙字典》、《东国李相国集》的《四轮亭记》中也有过与此类似的记载。台的基本形态必须由泥土、木材或板材等组成的下部结构支撑，且堆积成一定高度。

但是这种形态不是指建筑物的形态，而是指支撑建筑物的下部结构，中国园林建筑将台上没有建筑和台上有建筑均称之为台，并将台子和上面的建筑都通称为台[1]。

3. 阁

四面透空形态潇洒园——光风阁

《园冶》中“阁指屋顶四面坡，四面开窗的建筑”。《康熙字典》中“阁就是楼”认为阁和楼是类似的中层建筑形态[2]。

楼和阁在形态上没有明确的区分。同时由于后人将楼与阁两字连起来使用，人们想象中的楼和阁的区分就更模糊了，推测所说这些均是从干阑建筑时代演化而来[3]。但是，楼与地面一起升起的形态，与小型休息亭与地面结合在一起类似，造型上具有高耸空中且轻快飘逸的感觉[4]。

4. 榭

昌德宫后院的砭愚榭

《园冶》的《释名》云：“榭者，藉也。藉景而成者也。或水边，或花畔，制亦随态”。这就是说榭不是具有单独意义的建筑，在园林内部与周围景观环境相配合，是园林中的一种构成要素。

榭要与周边环境统一进行布置，相互协调才能从园林中借景[5]。因此榭的选址应位于优雅的河流或茂盛的树林附近，起着协调周围环境的景观要素功能[6]。

自由形态的休息亭——青岩亭

5. 亭

《东国李相国集》的《四轮亭记》中对亭是这样描述的：“豁然高耸的建筑称之为亭”。《园冶》中《释名》云：“亭者，停也。所以亭憩游行也”。从开放的内部中可以进行多角度观赏，并承担休息功能的园林建筑。

根据《园冶》中的记载，休息亭没有固定的建筑形式，以自由式为主[7]，主要供人们观赏周边景色，提供防止日晒和遮蔽风雨等基本用途。

（二）园林楼亭和山水楼亭

根据楼亭所处的位置或与周边的相互关系可以将其分成两种。一种是楼亭周围没有人工造景，位于自然的胜景地，借景于周边景色，起着眺望

1 分析邑志图（1871–1899 年）的结果，没有建筑物的情况超过 75%（安溪复 . 基于邑志图分析有关台原型的研究 . 大邱孝诚基督教大学研究论文集 57：216.）

2 《中国园林建筑》和《园林造景图说》说阁的起源是从古代干阑建筑物演化而来

3 冯钟平 . 中国园林建筑，1988：269

4 俞炳林等 . 朝鲜族庭院的原型 . 首尔大学环境规划研究所，1989：27

5 渚淑生等 . 园林造景图说 . 明报文化社，1988：55

6 园林建筑中具有榭称谓的情况几乎没有，韩国园林建筑中具有榭称呼只有昌德宫后院的砭愚榭一处

7 《园冶》的“造式无定，自三角、四角、五角、梅花、六角、横圭、八角至十字，随意合宜则制，惟地图可略式也。”亭的平面不仅有三角形、正方形、长方形、六角形、八角形、圆形、扇形、十字形等规则形状，也有自由的不规则形状。由回廊和短墙相连的占到近一半

所谓亭这个汉字原来是“高处树立的屋子，尤其是单独建的房子”的常识。休息亭是庭院或自然中小建筑，为走路的人提供临时休息并观赏景色的场所。（俞炳林等 . 朝鲜族庭院的原型，1989：22–23）

用途的单一楼亭建筑。第二种如景福宫的庆会楼、昌德宫后院的芙蓉厅、南苑的广寒楼等经人工加工，位于营造的周边景观中。为便于区分，前者称之为山水楼亭，后者称之为园林楼亭。

1. 园林楼亭

为满足休息、眺望和娱乐等功能将宫阙、官衙或民宅的空间中建设的楼亭特称为园林建筑。园林建筑的起源是中国建筑历史的发展条件下的特殊产物。

韩国与中国一样，一般建筑和园林建筑按照各自独立的形态发展起来，而韩国更重视这两者之间的相辅关系。楼、台、阁、榭、亭大部分园林建筑有时附属于主体建筑，起着供人休息的作用。位于莲花池边的楼亭不仅适宜玩赏莲花，有时人为在高处堆起的假山上建造休息亭可以饱览周边美景。根据园林建筑营造的空间特点，可以将其分成宫阙、官衙和民宅等类型，也可以根据楼亭与周边的关系分为“建筑附属型”、“池塘型”、“溪流型”、“丘陵型”和“山林型”等。

2. 山水楼亭

如果到了景色秀丽的地方找个合适的位置建个亭子休息一下是必需的。楼亭不能位于凸显的位置上，应该选在稍微高点的台地上，且周围环境应幽深、僻静。与周围的岩石、树木以及水系自然结合融为一体。山水楼亭应与周边环境相协调。尽管楼亭是人造物，但也应当与周边环境同化，在不破坏周围风水的情况下，才能允许建造。设计师“应该展示怎样的自然环境”，这种期待感尤显重要。根据山水游览的休息区山水楼亭所处位置可分为“江岸型”、“岭上及山腹型、近邻型”等（郑东吴，27，1986 年），一般有江边或湖畔型、江海沿岸型、丘陵地的山脊型等。

代表性园林楼亭——昌德宫后院的芙蓉厅

代表性山水楼亭——潭阳俛仰亭

五、结论

以上对传统休息设施的种类和特性进行了分析叙述。令人惊喜的是传统休息设施中的石床（或石榻）及平床、廊架、遮日、楼亭等与现代空间中的休息设施相比，其标准、功能形态有相当部分具有一致性。因此，如果我们重视传统场所中休息设施的调查研究，将对再现现代外部空间中的传统设施、创造现代空间中的新设施大有裨益。

参考文献

一手资料

《朝鲜王朝实录》
《新增东国与地胜览》
《承政院日记》
《旅轩集》
《玉山诗稿》
《海东杂录》
《鹅溪遗稿》
《山林经济》
《东文选》
《东国李相国集》
《四佳集》
《林下笔记》
《康熙字典》

图书

国立中央博物馆．朝鲜时代风俗画．国立中央博物馆，2002.
崔万秀译．谦斋的汉阳进京．东亚日报社，2004.
徐有榘著．安大会注释．山水间造屋 .dolbegae 出版社，2005.
崔硕泰．朝鲜风俗的天才画家金弘道 .I–Seum 出版社，2001.
李乃玉．恭斋尹斗绪 .Sigongsa 出版社，2003.
郑在勋．韩国传统造景．造景出版社，2005.
李善．韩国传统造景植栽．水流山房中心出版社，2006.
记成著．安泰会译．园冶．艺景出版社，1993.
渚淑生等．园林造景图说．明报文化社，1988.
冯钟平．中国园林建筑．中国：清华大学出版社，1988.
俞炳林等．朝鲜族庭院的原型．首尔大学环境规划研究所，1989.

论文

李元浩，李宗成，金庸基．关于石坡亭的营造与空间构成的基础研究，2006 年，韩国庭院学会集 24 卷．
郑惨民．茶山的园林与考察．全南大学研究生院造景系硕士论文，2004.
崔志荣．朝鲜时代宫中礼仪中使用的遮日功能及特性研究：19 世纪以后宫中宴享为中心．汉阳大学建筑研究生院，2009.
安溪复．基于邑志图分析有关台原型的研究大邱孝诚基督教大学研究论文集 57.

互联网网址

e– 博物馆 www.emuseum.go.kr

三顾草庐：对休息空间的畅想

黄龙得　东人造景　庭院所所长

畅想一：泛网时代的造景

随着几年前泛网（Ubiquitous）一词的出现，预示着泛网时代的到来，泛网的流行快速改变着我们的生活。现在很多人虽然仍生活在模拟信号和数字信号共存的时代，但过不了多久所有的生活都会进入受数字支配的时代。我们大部分人在实际生活中虽然感觉变得很慢，但年轻人的生活圈与过去相比已经出现了极大变化。如果进入真实的数字时代，与过去不同的最明显之处应该是生活圈的扩大。

先浏览一下家里的风景

卧室或起居室都有电话和电视，儿童房都装有计算机。厨房和浴室都具有收听收看广播和电视的功能，用以提升人气，吸引女性。但是明天的天气如何，错过天气预报播报的女主人很想知道，男主人很关心日间高尔夫比赛的最终结果。虽然新闻播报会打消这种疑虑，然而一直搞不清楚这些琐碎事情的情形会反复出现。问一下独自玩计算机的孩子，由于他正热衷于计算机游戏，回答问题不冷不热。尤其是对待玩游戏上瘾的孩子，母亲真不是一般的头痛。不督促的话孩子永远不想学习，似乎已经沉迷于游戏之中。着急的母亲不得已带着孩子向室外游戏场走去。来到游戏场的孩子并不是特别高兴，表现为行动迟缓，看不出有特别兴趣。母亲似乎无事可做，担心孩子是否会好好使用游戏设施，不会伤着吧，并远远地看护着。最后，母亲拿出手机与朋友专心煲电话粥算是安慰。过了一会儿孩子哭丧着脸走向母亲，催促她快回家，他或许还惦记着家里计算机上的游戏。但是母亲却带着着急的孩子向运动器械区走去，将孩子丢在一边，自己从简单的胳膊运动开始，一次痛痛快快玩个够。由于最近一段时间的运动不足，丈夫一个劲地用眼神告诉自己要注意维持身材。过一会烦躁的孩子又开始催母亲回家，发火的母亲批评了孩子，孩子很快被说哭了，结果孩子和母亲都不高兴，带着失落感往家赶。

公园设施也有同样情况。游戏设施、运动设施、休息设施有明显差异，分别独自设置在对应的游戏区、运动场、休息区等场所，这种布置方式非常片面消极，公园使用者为了游戏就要去游戏区，为了运动就必须去运动场。虽然专心使用运动器具活动后流了很多汗，但究竟消耗了多少大卡的热量却不知道，仅能获得运动后的满足感。

现在让我们想想更进一步的生活

这个时代的话题是统合和统摄。

用所谓的智能手机将电脑、电话、电视等小型装置统合起来，随时随地都可获取实时的期望信息，开创了随时沟通的先河。人们的生活和思考方式发生了变化，肯定会影响城市的自然造景模式。那么适应这个时代的造景方向应该怎样发展呢？在平面功能上再也不能将儿童游戏场和成人运动场分开了。仅限儿童使用的游戏场，如果成人不能使用进行运动的话，也根本不能成为可使用的运动设施。另外，现在应该改变一下为单一人群设计休息空间的理念了。

关于造景的定义虽然很多，为人创造空间是其中最重要的一项。科学技术的进步伴随着新技术革命改变着人们的观念，促使人们追求新的生活。随着寿命的延长，几代人同时生活在一个时代，这与过去完全不同，单一民族中多元文化所占比例逐渐上升。造景也要顺应时代的变化，因为使用我们所创造的空间或设施的人们的意识已与过去明显不同，仍然用过去的方式就不能满足已经改变观念的使用者的喜好，可能会将公园退化成聚集装饰物的空地。

过去拥有很多绿地的公园是其优点。在绿地绝对量不足的时代，公园常常如沙漠中的绿洲一般。然而当今的公园不再是单纯绿树覆盖的绿色空间，而应理解为城市中的一部分，甚至是生活的一部分。业余时间不是随便找个地方逛逛，而是如同去商店购买生活必需品一样，公园成为占据城市人生活重要位置的必需场所。现代城市越来越高层化、高密化，相对来讲城市人在建筑之间饱受寒风和树荫之苦，更加渴望温暖阳光，公园和草地就是向天空开放的必要空间。

另外，一般日常散步休息中停留的场所，公园中的优惠服务及人们的各种要求，也是泛网延续的地方。居家、单位或咖啡厅等都应是配置无线网络的地方，如果不能上网将非常被动。所谓智能手机综合体对现代人的生活起着革命性的影响，因此，造景设计如果再不进行改进恐怕是不行了。造景设施应要求具有复合功能并不断推陈出新。

举一个实例吧

这里有个实例讲述三代人在同一个空间中使用休息设施的故事。孩子使用的模拟滑梯是一种附设电子游戏的运动设施，跟家中玩的真实滑梯一样。当然为儿童自身成长发育开发的游戏要求儿童进行身体活动，儿童在运动中享受着乐趣，全身心投入到游戏中，也就无暇顾及身体疲劳。

母亲在儿童游戏场的上一层边使用锻炼器材边欣赏电视剧和音乐。对自己每天的锻炼结果了如指掌，通过选择与自身特点相符的训练项目，可继续保持身体健康，这样的运动管理系统使科学锻炼成为可能。与过去不同的是孩子不再抱怨，而是专心安静地锻炼身体，孩子在附近玩得上瘾，使得母亲更加满足。

三层是休息室兼做瞭望空间。这里配置了自由使用无线网络的通信系统和电源设施，构建了接收和发送双方向信息的系统，谁都可以自由地进行信息交流。另外，作为都市农业的一个重要部分，建筑外围开辟了能够栽种少量蔬菜的土地。每天都有老人们来到房前屋后的菜地进行劳作。这种复合型空间与以前相比将非常有效率，与以前各种场所相互分离相比，各种设施的使用频率明显提高了。

另外，这项设施最大的特点是满足耗能要求，能源尽可能实现自给自足。屋顶设置了光伏电池板进行充电，在下部充分考虑形成的阴影，采用了遮光膜。为了提高南侧的绿视率挂上了绿化板，将

具有自行车停车功能的复合型 Eco Station 建筑方案

绿色成长图像嵌入绿化板中。

另外，地下室构建了可以叠层停放自行车的停车系统，为绿色交通生活化做好准备。最近公园中最头疼的问题是停车场与需要相比出奇得少，今后随着公园利用率的提高，驱车前往公园的车辆会因此增加。司机忍受着停车场停车位的不足，随意将车停在公园边的道路上，面对这一日常的社会问题切实需要采取绿色交通出行方式。

畅想二：变形金刚时代的造景

最近室外空间设置的休息设施出现了飞跃式发展。尤其是现代层面上的城市美化运动仿佛回到了文艺复兴时期，堪称世界水平。如果分析一下最近设计的休息设施，过度装饰，缺乏实用性，价格昂贵等是其负面内容。

大部分设施过于强调造型美观，不知从何时开始对功能不再那么关心和重视了。这种现象尤其较多地出现在住宅小区等国内造景市场中。因为在住宅小区内部，各居住庭院内的设施移动较易，弱化了最初作为避难场所的功能，关注标榜高档小区的品牌价值成为普遍现象。由于只能侧重于美观和庄严等装饰性表象，自然设计流程也只能随之改变了。可是这种设施实际上能得到多大程度的利用，方便与否就无人问津了。

住宅小区内的设施虽然应该重视修饰，但除了像海边、山地等与周边较好协调的地方以外的公园及环境较差的区域，单纯重视修饰是欠妥的。这些地方的设施在应对气候恶化等其他非常情况时，担负着避难场的作用。基于对此的认识，通过表面装饰来美化造景设施的外表显然考虑不周。

由于全球气候变暖加剧了我们周围环境的剧烈变化。将济州岛上的柑橘移栽至内陆已是很久以前的事了，一部分果树栽培区域向北移动后，彻底改变了原地区的种植名声。从地区局部暴雨暴风等恶劣气候频繁出现的情况来看，不久的将来我们周围就会变成东南亚一样的亚热带地区。与过去相比冬季和春季的区分不再明显，夏季特别得长，根据冬季体感上的判断一年似乎只有两季了。因此，现在开始与其将居住小区中的重点放到装饰性设施上，不如在考虑使用者安全的同时选择便利有益的设施。大多数造景不是为个人设计的而是为公共建造的。从非特定的多数人使用情况统计来看，设施开发当初对使用者的考虑尚不够周全。

另外对于简单的固定设施，固定地点也是要研究的课题。造景是流行中非常敏感的领域。风靡一个时期的薄膜构造系统不知从何时开始慢慢减少了，这与流行不无关系。

独立结构型 Eco Station 建筑方案

固定的景观设施久看必生厌倦，随着时间推移逐渐陈旧老化，令人不忍目睹。玻璃窗内设置的百叶窗可以灵活调节光线，商店入口处的遮阳棚具有下雨时打开，雨停了再卷起来的灵活性。另外，窗户做成折叠式，夏天收起来形成完全通透开放的空间，冬季将窗户展开，用以抵御室外的寒风。根据这种思路我们在设计室外空间及其他设施时也应按照其使用特点使设施具有可变性。

亭架雨天很难挡雨，休息亭等设施平常提供阴凉，冬天人们被迫坐在冰冷的石凳上。最近上映的人气很高的“变形金刚”电影，平常的私家车可以变成战胜恶徒的变形金刚，与这种思路相似，打开以吸收温暖阳光，关闭以阻挡猛烈寒风，创造这种可变空间是我们面对的课题中的实际要求。

创造与管理的概念

最近笔者与韩国造景师协会一起实地考察了日本城市大阪。日本过去泡沫经济时代的奢华感已经是维持很久的事情，这次没有抱很高的期盼。能够作为造景师协会的领队，保证旅行安全就已经是最重要的了。这次考

多功能造型塔方案

察得到的所谓成效是日本维护管理景观设施的能力非常强。

最有代表性的万国博览会公园给我们的启示很多。作为已经建成40年的公园，这里能有什么可看的呢，但是我们的虚荣心很快被他们的热情改变了。经过岁月流逝，公园内的部分场所和设施已经不再时髦，有的部分陈旧，有的部分进行了更换，然而，公园仍能得到大阪市民的光顾和喜欢。对于造景历史还较短的我们至今还没有这种保持了40年的公园。为举办奥林匹克运动会1988年建设的奥林匹克公园到目前也不过二十几年。两到三年前得到积极改造的首尔市想象儿童公园大部分是20世纪80年代至90年代建造的。这么说来真的很想知道经过长时间使用以后我们的公园将会变得怎样。最近让人更担心的是由于过分强调造景的修饰性，休息设施在城市中所占比重提高了很多，这也许会促使开发改造的提前到来。

我们每天驾驶的汽车大部分材料是钢铁，当然比用木材建造的休息设施更坚固。固然单纯比较二者没有任何意义，如果使用一段时间不进行维修更新的话，会担心出现意外情况，所以也会投入很多时间和金钱进行维护。坚固如钢铁并经常维护管理的汽车经过大约10年使用后都会老化，老化后就要换新车。这是对造景设施提供的良好启示。

经过长期对造景材料的使用观察，发现其具有双重性。初期石材的外形确实很好看，但是大部分会遭到毁损破坏。很久以前就要为各地区的休息设施按照功能不同制定一个使用年限规定，虽然强调了设施使用年限的必要性，但至今没有任何进展。对于至今木材为主要使用材料的情况，连安装的事情都忙不过来，安装后何时更换组件更无从知晓，重新安装新的设施可能是我们的宿命。也许到未来某一天因陈旧老化的休息设施崩塌而造成人身伤害时才来制定标准，这是不能不令人惋惜的事情。现在韩国的开发建设快要结束了，因此应该放弃那种推倒重来的思想，用改造或改良的方式，将目标放在可持续使用的层面上。现在设施安装主体应重点关心定期替换组件所产生的预算上，从设计之初就应预留改造和改良的可能性。

madang96@chol.com

万国博览会公园中建成已达40年的空中观景楼

PUBLIC FACILITIES

第二章　休息设施的制作、施工和管理

第二章是休息设施的制作、施工和管理。随着新材料的出现和产品制作技术的提高，休息设施在功能和形式上出现了新的变化。本章简要介绍了木材、石材和金属等建筑材料的特性，同时指出了这些材料在休息设施的制作、施工和管理过程中需要注意的要点。另外，本章还介绍了首尔、仁川、大邱、光州、蔚山等广域自治团体休息设施的相关设计指南，并将韩国土地住宅公司的“坐凳及休息亭的设置标准”等收录到管理规范中。本章将休息设施的设计、施工和施工安装过程中要注意的问题全部进行了整理。

石材休息设施在制作、施工和管理上的注意事项 / 卢运席（No, Woon Suk）

金属材质休息设施在制作、施工和管理上的注意事项 / 刘鲜熙（Yuh, Sun Hyi）

木质休息设施在制作、施工和管理上的注意事项 / 张在庆（Jang, Jae Kyoung）

休息设施管理规范及设计指南 / 陈成范（Chin, Seung Bum）

石材休息设施在制作、施工和管理上的注意事项

卢运席 （株）普贤石材公司理事

一、概要

作为使用最广泛的建筑材料，石头和人类发展历史一起，不断受到人们的喜爱。从石器时代人类就开始与石头结缘，埃及的金字塔、雅典的帕特农神庙、中世纪的教会建筑、韩国的石窟庵等，留下了众多的文化遗产和遗迹。

漫长的历史长河中，人们之所以钟爱石材就是因为其最显著的耐久性特征。直到今天，石材仍作为坚固和耐久性优越的建筑材料。石材有基本的优点和独特的光泽，由于其华丽而清晰的纹理，在建筑和造景领域中得到了广泛运用，并且其应用范围还在呈现不断扩大的趋势。

石材能够显示高质量的生活水准，享受繁荣富足。经济越是发达的国家，石材的利用率越高越普遍。以生活居住区为例，令人满意的居住空间不是单纯的住，还要看起来舒服，享受舒适的休息空间。因此，采用天然石材和木材建造的休息设施不断增多，石材的使用越来越广泛。

二、石材加工过程

石材有坚固的耐久性，表面散发美丽的光泽，而且不易燃烧。但是由于体积大、比重大，加工不易，搬运和施工较麻烦，性价比较高。如果在开始设计时能考虑到这些特点，就会节省很多时间和成本费用。表1是石材加工的整个流程，可以清楚地看到石材从生产、加工到安装施工的全过程。这个过程不仅适合建筑设计领域和园林景观设计领域，也适用于全部使用石材的工程项目。

石材从生产到施工的流程　　表 1

石山采石

- 达到搬运程度的爆破、切割 1.5m×1.7m×2.7m（约 19~20t）

↓

石材工厂

- 原石从石山运到工厂

↓

订单委托

- 在图纸、图画、照片等上面标明规模尺寸和石材种类、加工方式的订货委托书

↓

割石

- 使用金刚石割刀、割石器、直锯等按照设计规格尺寸进行切割

↓

加工

- 形态加工
- 表面打磨（水磨器、火烤等）

↓

施工

- 工厂内现场搬运
- 湿式（砂浆），干式（锚钉、环氧树脂、构架等）施工
- 充分的养护后用硅树脂等勾缝

石山采石

石材工厂

订单委托

割石

加工

施工

石制品（表 1）是先从石山中切割成能够搬运的大小，运送到石材加工厂，经过若干工序的加工后，再次组装起来而制成的。如果设计师能在设计阶段考虑到表 2 中的诸多问题，那么可以轻松应对后期各个部门之间的摩擦、冲突、设计变更、成本增加等问题。

设计石制品时考虑的问题　　表 2

石重
・供应是否可能？
（石头的大小、数量）
・使用上是否有要求？
（大小、颜色、成本等限制）
・颜色是否统一？
（异色问题、花纹问题等）

价格
・加工费用是否过多？
・是否增加各种额外费用？
（运送费、设备租用费、施工费等）

石制品设计

施工的合理性
・是否有施工上的要求？
（周边环境、施工设备能否使用、石材的重心等）

加工方法
・根据不同的加工方法，协商最终色泽、观感、污染度和费用等

三、石材外表处理方法

石制品不是单纯的外形设计，而是作为休息空间的要素，应强调其使用功能，按照空间构成要素的要求进行加工生产。这样既能方便加工，缩短制作时间，安装简便，生产成本也能降低。如果能按照期望的色泽和感觉精心设计，那么也能获得期望的好作品。

石材与其他材质相比，具有后期表皮处理方法的差异对最终外形和色泽等有决定性影响特点。虽然加工方法很多，这里简单介绍一下最近常用的毛石（自然表面）加工、凿切加工、火烤加工、水磨（研磨面）加工方法等。

1. 毛石（自然表面）加工

毛石加工是最初级的加工方法，用凿子凿出的石材表面凹凸不平，近处可以感受到天然的朴实。毛石表面的棱角体现了石材的坚硬和立体感，近来在休息设施中多做装饰使用。人们见到毛石，具有自然亲和感，是最合适的石材。但是，休息空间中加工放置的毛石，其棱角的锋利、表面的高低不平，会对使用者造成某些不方便。

举例来说，穿着长筒袜和裤子被挂脱线的几率较高。由于具有较好和审美视觉效果，设计时对某些功能上的不方便要引起注意。

2. 凿切（锤凿面）工艺

用锤子和凿子，长时间慢慢凿击石材表面完成，韩国故宫宫阙外包装材料中使用较多。现在，一般采用机器加工，与火烤工艺相比，石材表面较自然柔和，但是比火烤、研磨的生产率低，而且成本稍高。

3. 火烤工艺

和水研磨工艺一样，是目前较多使用的加工工艺。利用温度很高的火花，烘烤石材的表面，产生凹凸不平的感觉。常应用在外部空间、建筑外部包装中。加工成本低，比水碾磨更具自然柔和感。一个要注意的问题是，石材中含有的铁分越多，石制品表面的颜色越会随烘烤温度变化，所以并不是所有的石材都适合火烤工艺加工。

4. 水磨（研磨）加工

用水性研磨石设备研磨石材表面后，使用光泽剂和器材，使石材表面显露光泽的工艺方法。石材表面闪闪发光，色泽艳丽，主要用于室内装修和室外墙皮贴材等。外表不易落灰尘，管理维护方便，具有人为加工的感觉。

上面虽然介绍了好几种的石材加工工艺，但是使用最多的还是火烤和水磨加工工艺。现就二者的区别做一简单介绍。火烤从字面上看，就是用高温火焰加热石材表面层的工艺，所以石材加工容易，时间短，加工成本也就低很多,加工成品具有自然感觉。另一方面，由于火焰温度高，石材表面发生生化反应，分子之间空隙加大，后期容易受外部污染，维护难度加大。与水磨加工工艺相比，色相不够清晰。即使是同样的石种，由于石材内含铁量的不同，火烤、水磨的颜色迥然不同，含铁量高的话，高温下氧气与铁产生化学反应，可制成各种不同的颜色。

水磨工艺和上述火烤工艺相比，水磨工艺在时间和成本上都会高一些，但是石材表面色泽鲜明，且抗污染能力强，尤其是与人体皮肤接触的部位（椅子的上面等）比较柔和，因而使用较为普遍。设计中不只是采用一种加工工艺，而是多种工艺混合使用，以期达到相互协调的目的。另外，不仅是石材这样，与木材、钢材等同时使用时，也能呈现出优美的效果。

四、石材表面加工的变化

下面以休息设施中经常使用的石材坐凳为例详细说明各加工工艺的不同点。

图 1　水磨加工工艺

图 2　火烤加工工艺

图 1 和图 2 是用同一种石材，同一种加工工艺生产的产品。石材表面干净统一，也都有人工加工痕迹。

图 3 和图 4 是将同种石材采用不同的加工工艺生产的石制品的形状。图 3 显示的是外形不一样而色泽相似。图 4 显示的是通过表面加工工艺可以产生其他类型石材的效果，这种加工技巧应在石材加工时予以重视。

下面介绍一下最近一种广泛使用的表面加工工艺——阴刻。图 5 是直接手工阴刻加工的产品，图 6 是喷沙（又称砂磨）加工工艺。左图显示的是保持自然的阴刻，右图显示的是刻画效果较小的阴刻，比手工加工更精密的加工工艺。

如上所述，如果考虑到用不同的加工工艺制作不同感觉和色泽的石制品，将会设计出与周边环境融洽和谐且风格独特的作品。

图 3 水磨加工 + 毛石加工

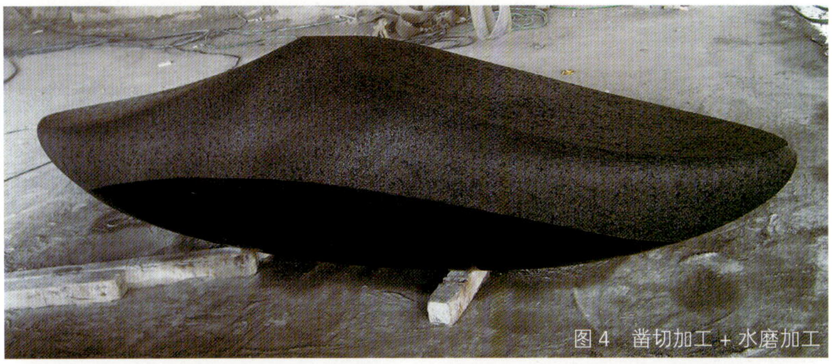

图 4 凿切加工 + 水磨加工

图 5 阴刻加工 + 手工加工

图 6 砂磨加工 + 机械加工

五、结论

石材施工安装完成后就会在原地保留很长时间。但是出现瑕疵（瑕疵的类型：污染物质渗透引起的变色，冲击引起的破损，基础混凝土不良引起的沉降、皲裂），应对起来就非常麻烦。通过局部更换有瑕疵的石材恢复到当初是非常困难的。因此，从开始就应掌握瑕疵出现的原因，以避免出现瑕疵为原则进行施工才是最重要的。假如出现了瑕疵，应做充分调查，查找原因，然后从源头上杜绝瑕疵出现的原因。石材制品在设计、安装施工过程中需要很多经验。假如诸位能按如上所述深思熟虑后再进行设计，同时能按此要求精心安装施工，你所期望的精美作品是肯定能做出来的。bohyunstone@yahoo.co.kr

金属材质休息设施在制作、施工和管理上的注意事项

刘鲜熙　（株）Semin land 景观设计公司专务

过去大部分用木材制作的休息设施，最近改用钢材、石材、塑料等其他材料创造了新的作品，给人以崭新的感受。其中以金属材料为主的多样变形加工技术，取得了令人刮目的成果，成为很多休息设施的主要材料。金属材质弥补了木材的根本性缺陷，如易变形、扭曲、腐蚀、打结、造型和厚度的限制等，休息设施的坚固性和耐久性显著增强，几乎在所有的休息设施中，金属材质因能表现灵活的设计风格而备受青睐。

一、金属材质的分类

现在休息设施中采用的金属材质按照材质分类一般有：碳素钢、不锈钢类中的特殊钢、铝等有色金属，与其他金属形成的合金或镀金加工成的钢材类。按照形态分类一般有：条形钢、钢管、方管、型钢、钢板等，这些都是大批量生产的材料以及按照材料规格生产的商品化产品。

2

二、金属材质应用实例

随着折断、折弯、焊接、自由曲线造型、铸件制造、锻压等钢材类的加工工艺技术的提高，休息设施的顶棚、柱子、装饰等制作手段也发生了显著变化。例如：休息亭柱在铁质成型模子中通过与其他材料的结合，弥补了木质柱的不足，一方面（图 1）柱子与顶棚及柱子与地面的接触部位，使用铁质连接件，使休息亭的结构更加稳固，更便于日后的安装维护（图 2）。另一方面，以木材、木瓦或机瓦等为主的休息亭顶棚，采用钢材组合，其耐久性、经济性、设计的表现力显著增加，成为令人瞩目的材质（图 3~ 图 8）。

不仅如此，在自由曲线和人体工

立柱组合横断面

1

3

4

5

6

7

8

9

10

11

12

学型坐凳设计时，使用多孔板或纹理钢板的实例已经很普遍了（图9~图12）。在隔离墩、树池保护网、格栅板中，金属材质的应用也在不断增加中（图13）。

另外，由于涂装工艺的发展，各种颜色的表现可谓不费吹灰之力，木材纹理的表现得以实现，就连用木材难以制作完成的部分也可以用铁板代替。如下例（图14）所示：要安装制作一件休息亭棚顶需要将椽木条按固定间距排列在曲线形的椽架上，对铁板进行木材纹理分体涂装以表现木质的感觉，同时又解决了木材劈裂、腐蚀、扭曲等缺陷问题。另外，为避免薄板和钢材柱子组成板材的弯曲和腐蚀，在C型钢上采用了木材分体涂装工艺（图15、图16）。铁板和金属材料的另一项应用是通过表面纹理的涂装工艺，能够呈现石材或混凝土的效果（图17）。

13

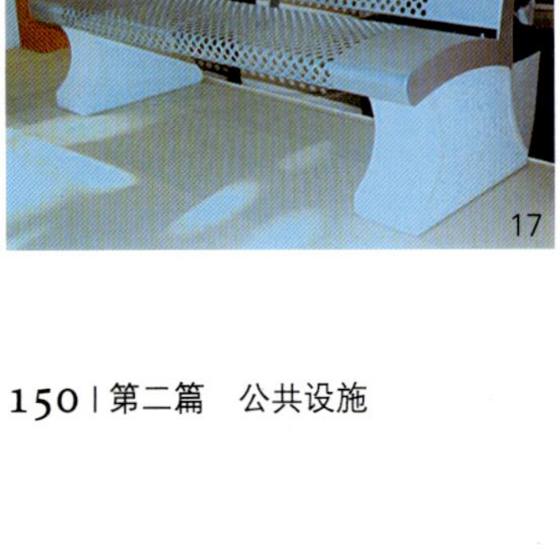

17

因此，根据休息设施的特点和产品表达的形象，应充分考虑金属材质的性质、设计的容易度、经济性等，将其运用到设计作品中。

三、金属材质在加工和休息设施制作时的注意事项

1. 钢材

不同的休息设施使用不同的钢材，如工字钢、I字钢、C型钢、角钢、钢管、不锈钢等，均能自由加工成任意的形态，且能表现出不同的色泽。铬、铝锌合金镀层和其他金属的合金，和锌铝等的镀金、不锈钢等特殊钢材、压花线的特殊纹理加工成的钢材，批量生产后，将会得到更加广泛的应用。

金属材质的休息亭和坐凳，一般

15

16

经过切割、焊接、钻孔、弯曲等工艺过程对钢和不锈钢进行加工，每一步都应按计划图纸严格操作精确施工，安装完成后，不可改动，因此要特别注意材料接合部的抗腐蚀性，确保产品长久使用。另外，精准的焊接可提高产品的强度和性能，延长产品的使用年限。短期内，就能制成接合牢固的构造物。鉴于立体接合部具有良好的气密性和水密性，焊接在很多领域均得到广泛的应用。但是，由于焊接瞬间产生的高温容易引起材质的变化、变形等焊接缺陷，且对产品品质的检验较困难，所以应予以充分关注。

2. 铝合金铸件

有色金属中的铝合金（AL-CASTING）材料用作铸件选材，可以制造成多种造型而且抗腐蚀能力强。所谓铸件是指将高温熔化的液体金属倒入铸槽（模具）内，经冷却固化，制成所需金属形态的过程，铸型材料有利用铸物砂的砂型、钢材等金属雕刻后制成的金属型、利用合成树脂做成的槽型（图 18）。

因为需要预先打造期望形态的模具，因此其工作流程应精准，管理要到位。模具虽然可以局部修改，但一旦铸造作业启动，修改就不容易了。因为模具的制造成本很高，只有进行大批量生产部件或特定纹样时，才可以节约成本。但是，从硬度上看，钢和不锈钢远远达不到合金的程度。合金主要用作椅子腿、骨架、休息亭或围栏的纹样等。

用这类金属材质生产的产品，在工厂内部的加工、组装、搬动时就应特别小心，不能有刮擦，施工现场安装时特别应注意焊接部位和螺栓结合部。需要现场安装的情况，需要对加工面进行防锈或硅胶处理。

14

四、结语

为满足更加多样化的用户需求，仅仅利用已有的金属材质是不够的，未来不仅要开发新型材料，而且要充分利用已经生产的铁制品，并一定要与加工工艺相结合。特别是在材料的耐久性和管理维护方面，不断改进涂装工艺，研究与其他材料的结合技术。但是，韩国的制造业如同其他产业一样，从价格竞争的角度应该是非常普及的产品，却未能广泛使用不得不说有点可惜。价格竞争不是牺牲产品的品质，而是改善产品适应当地气候的能力，为此，需要研发材料和附属产品的工程师会优先的考虑，形成购买这类产品的建设环境。semin8304@empas.com

18

木质休息设施在制作、施工和管理上的注意事项

张在庆　（株）Areum 公司　主任

人类从农耕生活定居下来，在形成村落初期，最先使用的建筑材料是周边常见的石材和木材。二者相比，木材质地轻且容易加工，所以常常拿来做建筑材料。不知是不是因为这样的原因，数千年来木材一直在建筑材料领域占有很重要的位置。最近，所谓健康生活等环境友好型理念的流行，木材作为天然材质更加受到关注。

一、木材的种类

木材一般分为实木；用胶粘剂胶合板材制成的集成木，弥补了实木缺陷；经加工而成的复合实木。休息设施制成品中使用较多的木材是实木。

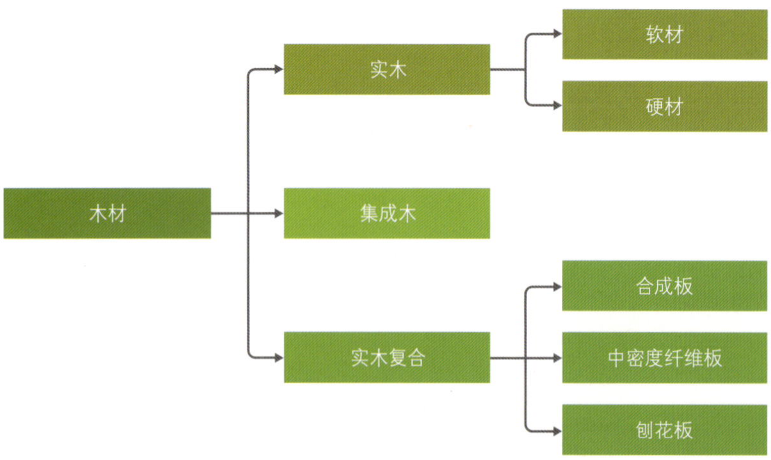

木材分类示意图

一般来说，从大的分类上实木分为软木（softwood），称为针叶木材；硬木（hardwood），称为阔叶木材两类。这里所谓的软材和硬材来自于中世纪木材市场上的称呼。

除了小部分薄壁组织细胞外，软材大部分是由管胞组成的。因此，木材组织结构均一性较好，容易加工生产，广泛用作造景设施材料。具有代表性的树种有松树类、云杉类、衫松类等。

硬材是具有厚细胞壁的木纤维，此外还掺杂有其他细胞，因此，相对针叶树木材加工难度大了一些。木材市场传统上称之为硬材。代表性的树种有橡树类、大叶榉类、枫树类等。

二、木材的种类和特征

木材的种类有很多，现仅将具有代表性的树种介绍如下：

1. 美松

多用作防腐木（防腐处理），一般建筑用材，如护墙板天花板、地板、雕刻用材、箱子用材、车辆用材、枕

木、冰箱用材、酒桶、纸浆用材、合成板、施工用材等。主要分布在太平洋沿岸，从阿拉斯加的基奈半岛，到加利福尼亚西北部，内陆地区的散落在加拿大和美国国境线两侧。大型树木树高 50~60m，直径可达 1.5m，属于常绿针叶树种。材质轻且软的针叶树木材，干燥时间稍长，经充分干燥后，稳定性好。切削、干燥、黏合、涂装等均容易加工。水分少，易研削，有光泽。

2. 道格拉斯

常用作锯材、单板、木炭、枕木、纸浆用材、箱子、运输用具、桶、托盘、家具、地板、窗框、门、板材、木工、木器、扶手、食物容器、车削用品等。该树种分布在落基山脉附近的太平洋沿岸，墨西哥、英属哥伦比亚地区，主要生产地在俄勒冈州沿岸、华盛顿、加利福尼亚、落基山州。密度和硬度的变化范围大，高硬度的木材作承重结构使用。虽然钉子楔入很结实，还是需要打上安装孔。木材经反复打磨表面散发光泽。热蒸汽下容易弯曲变形。板材黏合时需注意，彩色涂装或透明涂装较容易。

3. 落叶松

松科的落叶针叶乔木又称落叶松，树高可达 30m，是造林树，同时其木材可以用在建筑、坑木、枕木、纸浆、船舶、土工用材等。主要用于木栈道、防腐木、枕木、燃料用材、建筑用材、床板、木箱子、车辆用材、电器器具、纸浆用材、内装用材等，生长于美国的哥伦比亚河上游地带。木纹较粗，出口较多，硬度一般。加工容易，接地部分耐久性突出。

4. 伯克山榄

主要用于家具、门材、内装用材等，分布在摩鹿加群岛和新几内亚直至萨摩亚群岛，目前所知本属已有约 11 种。有时从巴布亚新几内亚少量进口，所罗门群岛成批量进口。木材稍显沉重而硬度大，木纹精美。

5. 马拉斯

木栈道用材、重型结构用材、码头、桥梁用材和船舶用材，特别适用于要求硬度高和耐久性的地方。树种约 180 种，分布在印度、斯里兰卡、缅甸、泰国、印度支那、东南亚的各岛屿、新几内亚、新不列颠岛。该树属于十分沉重的树种，与硬度相比，容易锯、刨和研磨。

6. 巴新埃梅木

分布于印度尼西亚及巴布亚新几内亚等地，目前已知有 7 种。并不是非常丰富的树种。木纹有些杂乱，正木面有美丽的纹理。第一次切割时，释放出清凉和幽香的樟脑（camphor）气味。容易加工，锯、钉、刨都很容易，刨面有光泽，干燥也不麻烦。

7. 纳托榄

主要分布在印度、斯里兰卡、缅甸、泰国、菲律宾、婆罗洲、马来半岛。主要用于高级住宅外墙、木栈道用料，是普遍使用的南洋木材。其产地分布范围广，生长随着气候因素的变化稍有差异，一般乔木树高 50~60m，树干笔直呈圆筒形，树冠是普通的半球形，树皮为灰褐色、黄褐色，比较扁而硬。

1. 施工前

2. 下部施工

3. 上部屋顶框架制作

4. 上部屋顶面一期完工

5. 上部屋顶面二期完工

6. 完工（涂色）

三、木制休息设施的施工示范

为便于理解木制休息设施的制作和施工，以现有的简单四角休息亭（沥青木瓦收尾）作品为例，介绍一下施工方法。

作品：（株）Areum 景观设计公司 AR204 四角休息亭

使用木材：美松加压防腐处理后养护

使用涂料：上涂 ILVATAN200 U.C CLEAR(指定色)1 遍

下涂 ILVATAN200 TOPCOAT 两遍以上

1. 休息亭下部施工

①找准四角休息亭的地基位置，测量海拔高度，调整水平。

②地基上边立柱子，螺栓锁紧上梁和下梁。

③下梁间设置能支撑屋脊的中间梁。

④中间梁上部铺上屋脊。

⑤ 装靠背和栏杆。

2. 休息亭上部施工

①屋檐设置成四角形，两端固定，制成屋顶框架。

②考虑屋顶的高度，屋檐内侧与“人”字梁相连。

③“人”字梁间安装椽子。

④屋顶面的天窗为 1 期完工。

⑤屋顶面的防水层和沥青木瓦为 2 期完工。

⑥ 吊车吊好屋顶，固定休息亭柱上部。

3. 完工

施工中木材表面可能有小的损伤，这样施工结束后，需打磨木材表面，再进行涂色，然后收工。

四、木材的加工和管理时的注意事项

1. 干燥

干燥要达到木材使用地的平均含水率水平，这样的木材才会减少因木材收缩变形对产品造成的破坏。含水率降到 20% 以下干燥时，可预防变色和腐烂 (decay)。另外，干燥的木材改善了黏合性和涂装性能。因此，木材使用前，干燥可以说是一个很重要的过程。木材的干燥常使用自然干燥法和人工干燥法，施工期间，从成本的经济、木材的品质考虑，应选择恰当的干燥方法。

2. 木材保管

木材的保管应尽量防止变形、污染、损伤、变色、腐烂、湿气等情况，不应直接放在地面上，避免湿气和阳光的直射，需要放在通风处保管。

3. 涂装

因为木材不是人工生产的材料，变形和割裂（drying checking）或者破裂等完全不发生是不存在的。通过适当的涂装处理，可以将这些问题尽量减少。

达到完全干燥的木材，用油性着色或者涂料涂装是最好的维护办法，必须每 1 年或两年重新涂装，需长期管理维护才行。

另外，需要进行涂装处理的木材，有很多种艳丽涂料可以选择，可以感受美的效果。areum-1991@hanmail.net

完工后的实景照片

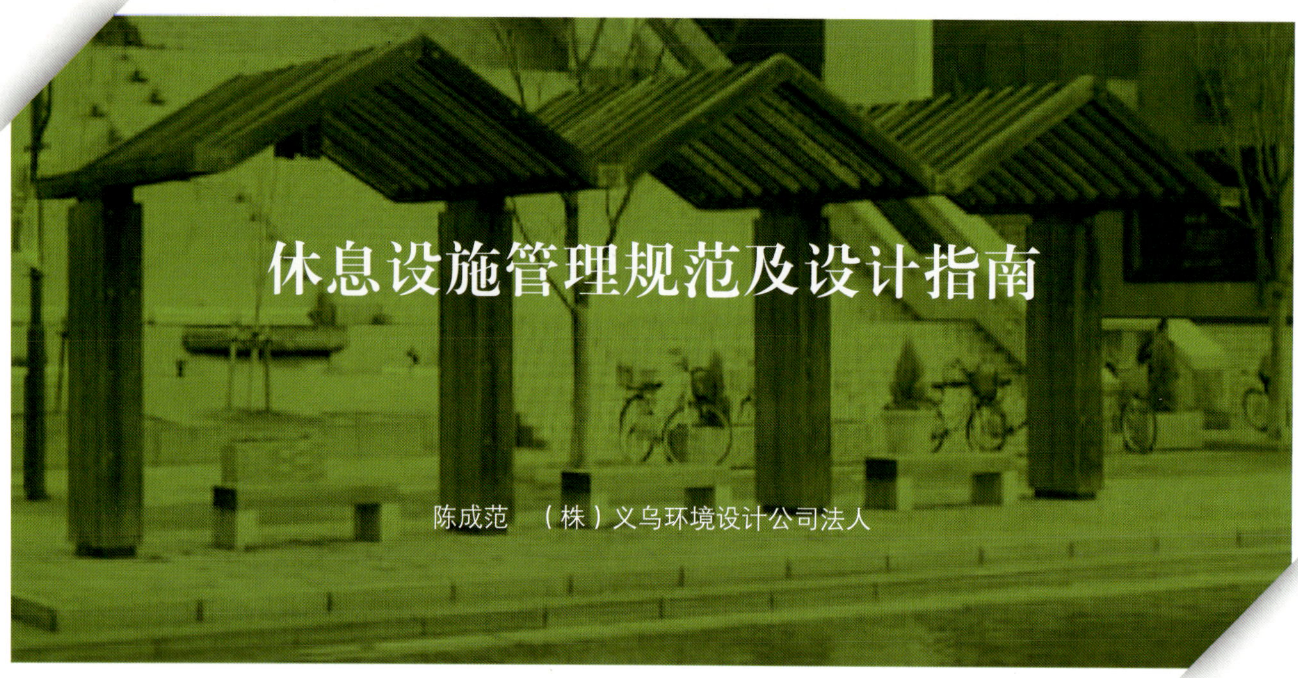

休息设施管理规范及设计指南

陈成范　（株）义乌环境设计公司法人

一、各城市休息设施设计指南

由各自治团体管理的休息设施属于公共设施、街道设施等细分部分，因此，其设计要求均包含在公共设施指南或街道设施指南中。根据有关资料，通过对济州特别自治岛以外的15个广域团体的休息设施设计指南制定情况分析，已经完成规划的有首尔特别市等10个自治团体，其他5个自治团体正在制定中。

自治团体设计指南制定情况　　表1

序号	自治团体	指南制定情况	
		已完成	制定中
1	首尔特别市公共设施指南	○	
2	釜山广域市公共设施指南	○	
3	大邱广域市公共设施指南	○	
4	仁川广域市城市景观指南（街道环境设施）	○	
5	光州广域市公共设计指南及改良实例	○	
6	大田广域市街道设施指南	○	
7	蔚山广域市街道环境设施指南	○	
8	京畿道公共设计指南	○	
9	江原道公共设计指南		○
10	忠清北道公共设计指南		○
11	忠清南道公共设计基本计划	○	
12	全罗北道公共设计指南		○
13	全罗南道公共设计指南	○	
14	庆尚北道公共设计指南		○
15	庆尚南道公共设计指南		○

通过分析各自治团体已经完成的设计指南内容，休息设施的所述对象大同小异，首尔市、釜山市、大邱市、大田市、蔚山市、京畿道等制定了坐凳和休息亭，仁川市、光州市、忠清南道等仅制定了坐凳，全罗南道制定了坐凳和休息亭。下面简单介绍以下几个市、道的休息设施指南的具体内容。

（一）首尔特别市

1. 坐凳

1）色彩

①木材上不应喷涂有色涂料。

②建议主色调（靠背和坐板的色彩）和辅助色调（其他部位的色彩）的种类越少越好。

③建议使用材料自有色做辅助色，只在不可避免用涂装色时采用低彩度色。

④应使用与周围色调协调的颜色（参考首尔各景观区色彩指南）。

2）形态

①与身体接触的所有角部应圆角处理。

②方案（靠背角度，坐板高度等）定案时建议参照《韩国人人体尺寸调查》（例：坐板高度 400mm ± 30mm）。

③建议根据不同的设置场所考虑靠背的取舍。

④设置在主题公园和特色街道的坐凳，建议采用与空间特点相符的设计。

3）材质

建议坐板采用木料或聚氨酯等柔软的材料。

4）设置

①禁止设置在有卫生问题或公害严重的地方。

②建议毗邻照明灯（街灯、安全灯等）设置。

③不应直接设置在草地上。

④建议与花坛、街道花坛等其他设施进行统一设计，但不应临近垃圾桶、饮水台等卫生设施。

⑤步行者繁忙区域尽可能不要占用步行通道。

⑥建议设置在步行路交叉口、建筑入口部、广场、开放空间、步行专用路等步行者停留的场所。

⑦在设置的坐凳上应避免产生视觉封闭感，要考虑眺望周边的活动及有趣的街景。

⑧其他有关设置的情况执行《首尔公共空间设计指南》的规定。

5）其他

组装部（凳腿固定螺栓等）的螺栓不应外露，建议设置和维护管理时注意。

2. 休息亭

1）色彩

①采用与周边环境协调的色彩（参考《首尔景观分区色彩指南》）。

②用木材时建议采用材料本身的色彩。

③建议用最少的色调。

2）形态

①用简洁的形态进行设计。

②在确保最少的结构构件和开放特点下进行形态设计。

3）设置

①不应在休息亭下设置垃圾桶。

②建议休息亭和坐凳同时设置，设计确保两种设施具有统一的材料和形式。

③与照明灯一起设置或利用街道灯等设置。

④其他设置有关情况执行《首尔公共空间设计指南》的规定。

4）其他

建议对构筑物进行垂直绿化。

（二）大邱广域市

1. 坐凳

1）材料及色彩

①建议坐板采用木材、聚氨酯等柔软性材料。

②建议局部采用可回收及合成技术生成的环境友好型合成木材。

③大理石的耐久性差，色相容易改变，建议自制。

④将主色调（靠背和坐板）、辅助色（其他部位）、强调色进行合理搭配，不宜采用原色或高彩度、高明度的刺激性色彩，限制同时选用的色彩总数。

⑤建议采用环境友好型涂料涂装。

⑥不宜在天然材质上涂色，建议采用材质的固有色彩。防水处理等特殊加工除外。

2）设置

①表面打磨质量要好，结合部要顺接。

②建议设置在树木、休息亭等阴凉处，且临近照明灯具（街道灯和步行路灯等）的地方。

③不宜在公园、步行专用道等同一个空间内设置多种不同形式的坐凳。

④组装部（凳腿固定螺栓等）的螺栓不应外露，建议设置和维护管理时注意。

⑤建议与街道绿带、街道花坛等其他设施连接设置，与垃圾桶等有污染的设施保持一定距离。

2. 休息亭

1）材料及色彩

①不宜对天然材料涂色，建议采用材料自身颜色。防水处理等特殊加工除外。

②植物绿化选用覆盖顶棚并能形成自然阴影的植物。

③建议采用环境友好型涂料。

2）设置

①休息亭周围设置灯具，或在灯具附近设置休息亭，要充分利用照明条件（街道灯、步行路灯等）。

②设置的场所应同时考虑对周围景观的影响和使用者的方便程度。

③建议与坐凳统一布置，与垃圾桶等有污染的设施设置一定距离。

④组装部（腿部固定螺栓等）的螺栓不应外露，建议设置和维护管理时注意。

⑤合成部分精细施工，基础板材等不宜露出地面。

（三）仁川广域市

坐凳

1）色彩

①在木料上不宜使用有色涂料。

②建议主色（靠背和坐板的色调）和辅助色（其他部位的色调）的用色总数最少化。

③辅助色建议充分利用材料自身色调，对不可避免涂装部分使用低彩度色。

2）形态

①与身体接触的角部进行圆角处理。

②结构（靠背的角度、坐板的高度等）确定时建议参考《韩国人人体尺寸调查》。

③建议根据坐凳设置的周边环境取舍靠背。

④设置在主题公园及特色街道上的坐凳要采用符合空间特点的设计。

3）材质

建议坐板采用木材或聚氨酯等柔软材料。

4）设置

①禁止设置在有卫生问题及公害严重的地方。

②建议与照明灯（街道灯、保安灯等）相邻设置。

③不宜直接安置在草地上。

（四）光州广域市

坐凳

1）形态

（1）设计类型

①尝试进行反映地区特点的设计。强调设计产品的视觉特征并与周围公共空间街道设施相协调，但要限制坐凳的类型数量。

②为便于维护管理选用简单的设计造型。

③产品停止生产或更合适的改良产品出现时，要定期变更设计。

（2）扶手

①为老年人服务的座椅都要设置扶手和靠背。

②扶手设于中间使两侧容易入座。

（3）地面及墙角

①设计利于雨水排放的结构，并考虑雨水等引起的污染和腐臭。

②设计考虑结构安全。

③处理角、棱等突出部位，预防安全事故。

（4）材料

①根据场所特点圆形或弯曲形钢材等间或使用。

②坐凳坐板采用天然材质或对人体无害的材料。

2）设置

（1）设置位置

①设置在容易停留或等候区域。

②设置在方便残疾人使用的地方。

③冬季设置在向阳的地方，夏季设置在有阴凉的地方。

（2）规避设置的位置

①特别孤立的地方和视角封闭的场所，避开具有可能成为饮酒场所的地方。

②设置在孤立场所时，要在路灯下方或就近设置。

③毗邻有安全隐患的设施，与公害发生源较近的地方。

④避开周边或地面草地维护困难地区。

（3）设置布置

①设置在步行活动的中心线以外，避免影响步行交通。

②设置地区应享有趣味要素及优美的景色。

③坐凳旁应提供轮椅放置的地方。

④设置在照明灯具（街道灯、保安灯等）附近，考虑夜晚使用者容易识别。

（4）分场所设置

①树下设置时研究树木的适宜性。

②设施台（饮水台）设在内部时，应提供小型缓冲空间，避免影响步行通道。

③座椅上可能有人躺卧的场所，设置中间有隔离扶手的长椅。

（5）施工

①基础应埋于地下，不应露出地面。

②保持地面水平的情况下，固定螺栓向地面上设置。

③地面倾斜的情况，与固定腿接触的地面铺装（人行道砌块）应仔细切割。

④即使设置在倾斜的地面上坐凳的坐板也应该保持水平。

（6）维护管理

每隔 3 个月清洗一次，每隔 3 年喷漆一次。

（五）大田广域市

1. 坐凳

1）场所

不应设计与周围环境不协调的坐凳。

2）通则

①面对步行线路的角落应进行安全评估

②根据布置场所和使用者的特点确定坐凳的形态和大小。

③优先选取简单的造型，应符合场所特点并具有象征意义。

④确保有效步行通道宽度，不应妨碍步行流线。

3）统和

①建议与花坛、街道花坛等其他设施进行统一设置。

②在同一个区段，采用一致的设计手法。

4）材料

①建议充分利用材料的自身颜色。

②使用与周围环境及建筑物一致的材料。

③建议使用与周围环境协调的低彩度颜色。

2. 廊架

1）场所

高的挡土墙通过多段式或台阶式处理，减少压迫感。

2）通则

①连续模式的廊架建议与路面坡向平行设置。

②建议地下隧道入口部图案改成空地和造型小品或自然绿化。

3）统和

①暴露的混凝土挡土墙建议进行亲环境处理。

②无法进行亲环境处理的挡土墙建议设置水幕墙或艺术墙等。

③挡土墙上部平台建议改造成观景点。

4）材料

①建议按照步行者的视线高度设置花坛、艺术墙等景观元素。

②建议选择细如竹子的树种遮挡不良景观。

③建议选择与周围环境协调的低彩度色作为主色调。

（六）蔚山广域市

1. 坐凳

1）基本原则

①考虑与周围设施的联系。

②确保不妨碍步行者通行的设计。

2）规格及形态

①坐凳的规格要适应身体尺寸，参照《韩国人身体尺寸调查》（座席高度：400mm ± 50mm，宽 380mm~450mm，长 450mm~600mm）。

②坐凳的类型要考虑使用者的使用方式设计（根据类型分为：座椅型和平凳型）。

3）材料和材质

①使用的主材料为混凝土、金属、石材等。

②建议坐板采用木材、聚氨酯等柔软的材料。

4）涂装及完工

不可避免涂装时建议采用低彩度色。

5）设置

①考虑周围环境设置在阴凉处。

②禁止设置在如下场所：卫生设施和交通量大的场所，妨碍步行通行的地方，露宿人出现的地方。

③组合部连接部件禁止暴露在外。

6）与空间的联系

①坐凳与坐凳之间保持 3m 以上的距离。

②与其他设施保持合理距离（垃圾桶：900mm，饮水台：1500mm）。

2. 廊架

1）基本方向

①以最简单的结构和开放性方式进行设计。

②将坐凳与其他设施共同设置方便人们使用。

2）规格与形态

①根据不同的设置场所，采取灵活可变的组合设计。

②根据平面功能的空间特性进行自由设计。

③顶棚设计要考虑到阳光、风、降雨和人工等成本。

3）材料及材质

①承重结构使用型钢。

②顶棚采用半透明或有色屋顶，阻断阳光照射。

4）涂装及收尾

采用有光泽的材料时，应涂装后再使用或采取措施去掉表面光泽后方可使用。

5）设置

①统一设计的坐凳等与相关设施统一安装完成。

②建议设置在能眺望到的地方或通视走廊尽端。

③建议对构筑物进行垂直绿化。

6）与空间的连接

①使用者长时间停留的地方，应考虑与周围便利设施的联系。

②线形步行通路上与主要流线平行布置，避免妨碍通行。

（七）京畿道

坐凳

1）形态与结构

①坐凳和坐垫不同，由扶手、靠背等组成。

②设置坐凳时，考虑与周围环境的协调，连续排列的坐凳要保持坐凳之间的相互联系，作为一个整体进行布置。

③坐凳应设在休息空间、步行专用路、散步路、公开空地等，不应设在噪声大的区域、湿地、坡地、风道及地基下沉的地方，也不应设在有卫生问题和公害严重区域。

④建议设计师优先考虑坐凳使用者的便利性和安全性。

⑤对设置在主题公园或特色街道上的坐凳，其设计理念建议符合该空间场所的特性。

⑥按照固定式设计的坐凳，考虑维护管理的便利，建议采用组装和分离容易的结构进行设计。

⑦建议坐凳下部采用雨天不宜积水的结构和材料进行施工。

⑧坐凳设置在街道灯或保安灯临近地区，提高夜间的安全性。

⑨不宜在坐凳上滥用装饰物和象征物，设计应采用简洁的形态和结构。

⑩设计坐凳时，建议规避采用当地象征性传统纹样或动植物特征提炼的图像再进一步形象化的设计作品。

⑪为减少设置在沿街绿地或公开空地旁的坐凳所占空间，建议采用没有靠背的坐凳。为方便使用者设置在公园内的坐凳建议采用带靠背的坐凳。

⑫坐凳的结构按照使用者的停留时间进行设计，长时间休息的坐凳坐板要低，靠背要长。建议按照不同的设置场所对靠背进行取舍。

⑬坐凳的坐板建议采用雨后不易积水，并在排水后容易干燥的结构。

⑭应提高与身体接触的所有部位的安全性，或进行圆角处理，或进行安全维护。

⑮包含凳腿的构造部分，首先进行前期作业减少其体量感，并将其安置在坐板下部，减少视觉暴露体积。

⑯考虑维护管理的便利，建议不采用焊接的连接方式，而用螺栓进行固定连接。

2）色彩及材料

①坐凳的色彩要考虑与周围环境的协调，不用原色或高彩度颜色。

②禁止在坐凳上安装装饰物，不建议使用由纹样或特殊图像形象化的大型图片。

③制作坐凳的材料应具有美观、安全、经济等特征，建议采用具有以上优点且易维护管理的材料。

④坐凳可以使用钢材、木材、石材及其复合材料。

⑤以钢材或石材选作坐凳腿部的构造材料，钢材表面建议采用耐久性无光涂装处理。

⑥坐凳设计时要节约资源，建议积极采用环境友好型材料。

⑦坐凳坐板主材料建议采用木材，并不宜对木材进行有色涂装。

⑧不宜在坐板上采用高光泽不锈钢，不得已时应考虑维护管理的便利，尽量减少使用面积，并进行半光泽或无光泽处理。

（八）全罗南道

1. 坐凳

1）形态

①建议坐凳与人体接触部分考虑安全性采用圆角处理。

②在自然景观保全区域建议进行适合自然环境的形态设计。

2）材料

①为改变因气象条件造成的使用率偏低的情况，建议选用木材为坐凳坐板的材料。

②减少材料的混用，考虑维护管理及视觉上的统一。

③建议采用环境友好型材料，减少使用者的不适感。

3）色彩

①天然材质建议使用材料本身色彩。

②为强调天然材料的色彩，建议辅助色选择无彩色系列。

③不宜采用强调色和原色。

4）规格

为方便使用者构造定稿时应参考《韩国人人体尺寸调查》

5）功能

①建议计划中的坐板更换尽可能容易。

②设计中防止因污染和雨水造成的使用率低下。

③提供照明困难的空间中，建议追加照明灯具。

6）设置

①不宜设在有卫生和公害问题的地方。

②考虑到方便夜间使用，在有夜间照明的地方建议安装坐凳。

③不宜设置在草地上面。

④为方便步行者，不宜将坐凳设置在人员出入频繁的地方。

⑤在步行者驻足停留的地方或能够眺望的地方建议设置坐凳。

⑥不宜设置在垃圾桶或饮水台等类似有污染隐患的区域。

⑦坐凳旁建议设置轮椅的放置空间。

2. 休息亭

1）形态

①建议采用经营管理者和使用者都能容易识别的形式。

②建议通过对休息亭和坐凳的统一设计，达到二者形式上的一致。

③建议为步行者提供通行便利的设计。

④建议和公共汽车停车站牌进行统一设计，以提高空间的利用效率。

2）材料

建议使用具有开放性的材料。

3）色彩

①考虑周围景观建议使用适应周边环境的颜色，不宜使用纯色。

②色彩规划建议与周边设施统一进行。

4）规格

①设计符合气候条件和人体尺度的挡风板和休息亭。

②根据步行路宽及使用者数量延长休息亭长度。

5）功能

①设置的BIS(公交信息系统)应考虑使用者的便利。

②为夜间使用的便利建议编制照明规划。

③设置公交休息亭的地方建议张贴城市地图。

④建议编制防治张贴非法广告的规划。

6）设置

与功能上相近的公交停车点路线指引牌共同设置。

二、休息设施相关法规

目前为止的现实是直接制定休息设施（公共设计）法规的依据还不够充分。另外，公共设计相关的法律或制度还没有进行统合。现有的5个相关法律条文分布在各专业法中。设计保护法中的权利保护；产业设计振兴法中关注产业设计；文化艺术振兴法中附带提到过；景观管理法中景观管理执行规定等。

公共设计相关法律制度　表2

法律	目的	备注
设计保护法	通过促使设计保护和利用，奖励设计创作，以促进产业发展为目的	管理保护
产业设计振兴法	目标是促进产业设计的研究与开发，通过支持振兴产业设计事业，提高产业的竞争力。 知识经济部长官制定产业设计开发促进振兴综合规划并公告。 产业设计：通过优化产品的美观、功能、经济价值，满足生产者、消费者对物质、精神要求的创作和改进行为，包括产品设计、包装设计、环境设计、视觉设计等	产业设计为中心
文化艺术振兴法	对建筑物进行的美术装饰：建造演出、展览设施等建筑物的业主将建造费用的一部分按照一定比例和金额用在绘画、雕刻、工艺等美术装饰上的规定（第9条） 目的：继承传统文化艺术，创作新文化，发展民族文化	附带提及
景观管理法	为了对国土进行系统的景观管理，制定的各种景观资源的保全、管理及维护的各种规定，以展现赏心悦目和别具特色的国土环境与地域环境为目的。 景观：自然、人工及居民生活中形成的区域环境特征的外部表现	概括性规定
建筑基本法	在国家及地方自治团体的共同努力下体现建筑公共价值为目的。 为国民创造安全、健康和福祉的生活空间。 满足社会需求，为经济生产活动营造空间环境。 编制建筑政策基本计划： ·建筑物品质及提高品质的有关要求。 ·改善城市景观的统一的建筑设计要求。 ·提高建筑设计水平等建筑层面国际竞争力的要求	包含在公共空间建筑设计中
户外广告物等管理法	提升户外广告质量的基础，制定户外广告的设置、标示等规定，弘扬美观风气和美风良俗，减少公共危害性，创造健康愉悦的生活环境。 获得市道、市郡区的团体长的许可并向其提出申请，行政安全部长官与各有关中央行政机关的负责人及市、道知事协商后，制定并执行以下各条中有关户外广告及产业发展的综合规划。 户外广告：长期或一定时期内向公众连续展示的，能在自由通行地区可见的标示（包括标示的交通设施和交通方式）。包括：广告牌、公告牌、横幅、海报、传单及其他与此类似的标示	行政安全部编制户外广告发展综合规划

从各市、道公共设计相关条例制定情况来看，除大邱市、大田市及庆尚北道以外的广域团体已经或即将完成。调查的211个基层团体中的95个市、郡（2008年8月资料）已经或即将制定完成。相对来讲基层团体的制度支撑不足。因此各市、道制定完成或即将完成的包含休息设施的公共设计指南尚未达到明确的法律要求目标，对相关法规的调整完善显得很紧迫。因为缺乏条例等法律基础而制定的维护运营设计指南，其约束力和促进作用有限，定会落在空虚的口号上。

广域自治团体公共设计相关条例制定情况　表3

类别	相关条例
首尔	首尔特别市城市设计条例（2006.7.19）
釜山	釜山广域市城市设计条例（2008.3.5）
大邱	未制定
仁川	仁川广域市城市设计条例（2003.12.29）
光州	光州广域市公共设计条例（2008.1.1）
大田	未制定
蔚山	蔚山广域市景观条例（2008.10）
京畿道	京畿道设计条例（2008.12）
江原道	江原道景观形成条例（2000.6.22）
忠清北道	公共设计条例（2008.11）
忠清南道	公共设计条例（2009.3）
全罗北道	景观条例、户外广告条例（2008.12）
全罗南道	全罗南道景观条例（2006.5）
庆尚北道	未制定
庆尚南道	景观条例（2008.7.10）
济州岛	（2008.11）

基础自治团体公共设计条例制定情况（2008.8 资料） 表 4

分团体	已制定团体数	计划制定团体数	未制定团体数	未回答
首尔（20）	2	10	8	5
釜山（16）	1	10	5	
大邱（8）	0	0	8	
仁川（10）	0	0	10	
光州（5）	0	0	5	
大田（5）	0	2	3	
蔚山（5）	1	1	3	
京畿道（31）	4	14	13	
江原道（18）	18	0	0	
忠清北道（12）	1	2	9	
忠清南道（16）	1	2	13	
全罗北道（14）	1	3	10	
全罗南道（22）	13	1	8	
庆尚北道（7）	1	1	5	16
庆尚南道（20）	2	4	14	
济州岛（2）	0	0	2	
市郡区合计（211）	45	50	116	21

三、满足安全的设施标准

休息设施与儿童游戏设施相比安全性要求不是那么严，其安全标准及设计规范尚未统一。各类设施使用的手册（《造景设计规范》、《造景施工示范书》）之间有一定差异。但是其根本目的仍然是制定为使用者提供便利和快乐，保证设施安全的标准，同时要求各类设施的规格大小符合人体尺度。作为参考现将韩国土地公司所用的坐凳及休息厅的设置标准附后。

1. 坐凳（椅子、户外桌子、四角椅子）

①注意将单列式、并列式、7 型，3 型等形式放在合适场所进行布置。

②选定适合 1 人、两人、3 人用的形态。

坐凳用途及规格 表 5

用途	凳高	凳宽	凳长
大人用	37cm~43cm	40cm~45cm	单人用：60cm
儿童用	30cm~35cm	35cm~40cm	双人用：150cm
兼用	35cm~40cm	38cm~43cm	叁人用：180cm
残疾人用	40cm~45cm	30cm~45cm	

③根据需要设置扶手、靠背（高度 40cm），扶手的高度从坐板起 18cm~25cm，角度向坐板倾斜 10° ~20°，以水平面为基准限制在 95° ~110° 之间。

④不宜围绕中心树木布置方形坐凳。

⑤沿公园散步路按间距 40m 设置一处坐凳的原则，全部坐凳均衡排列。

⑥设置时不应影响通行，设置在小于 2.5m 的道路边的坐凳还需增加空间（1.5m~2m）。

⑦ 设置轮椅的情况要在坐凳侧面和前面各保留 120cm × 120cm，180cm × 180cm 以上的空间。

⑧ 夏季尽量设置在阴凉处。

⑨ 长时间使用的坐凳应设置靠背。

⑩ 靠背椅采用曲率半径时入座面起肘窝位于 15cm~16cm，臀部位于 7cm~8cm，坐板上部 15cm~16cm。

⑪ 与户外桌子一起设置时，户外桌子的高度 65cm~70cm，桌子下部和坐凳的距离保持 25cm~32cm，坐凳前端与桌子的水平距离 15cm~20cm。

⑫ 原则上与皮肤接触的面采用木料施工，与其他材料接缝应小于 1cm。

2. 休息亭

①不宜设在交通流线交织点、卫生间、大坡地、脆弱地基、危险设施（高压线铁塔、高压电线）附近、弃置地及不卫生的地方。设置在视野开放或休息及聚会俱佳的地方。

②最低高度保证 2.5m。

③为预防突然降雨将有屋顶的休息亭和没有屋顶的休息亭间隔布置。

④遮挡阳光的材料投影要大于 70%，不足时用竹帘或种植藤蔓植物覆盖屋顶解决。

⑤休息厅下部原则上设置平坐凳，作为长时间休息用的情况应改为靠背椅。

⑥休息厅内部的坐凳布置按照空间特征分为内部指向型、外部指向型、单一方向指向型等。

⑦柱子具有安全的构造，视觉上应具有均衡美和耐久性。（柱子的宽度：使用木材、石材、砖等天然材料时 20cm~40cm）。ewooend@naver.com

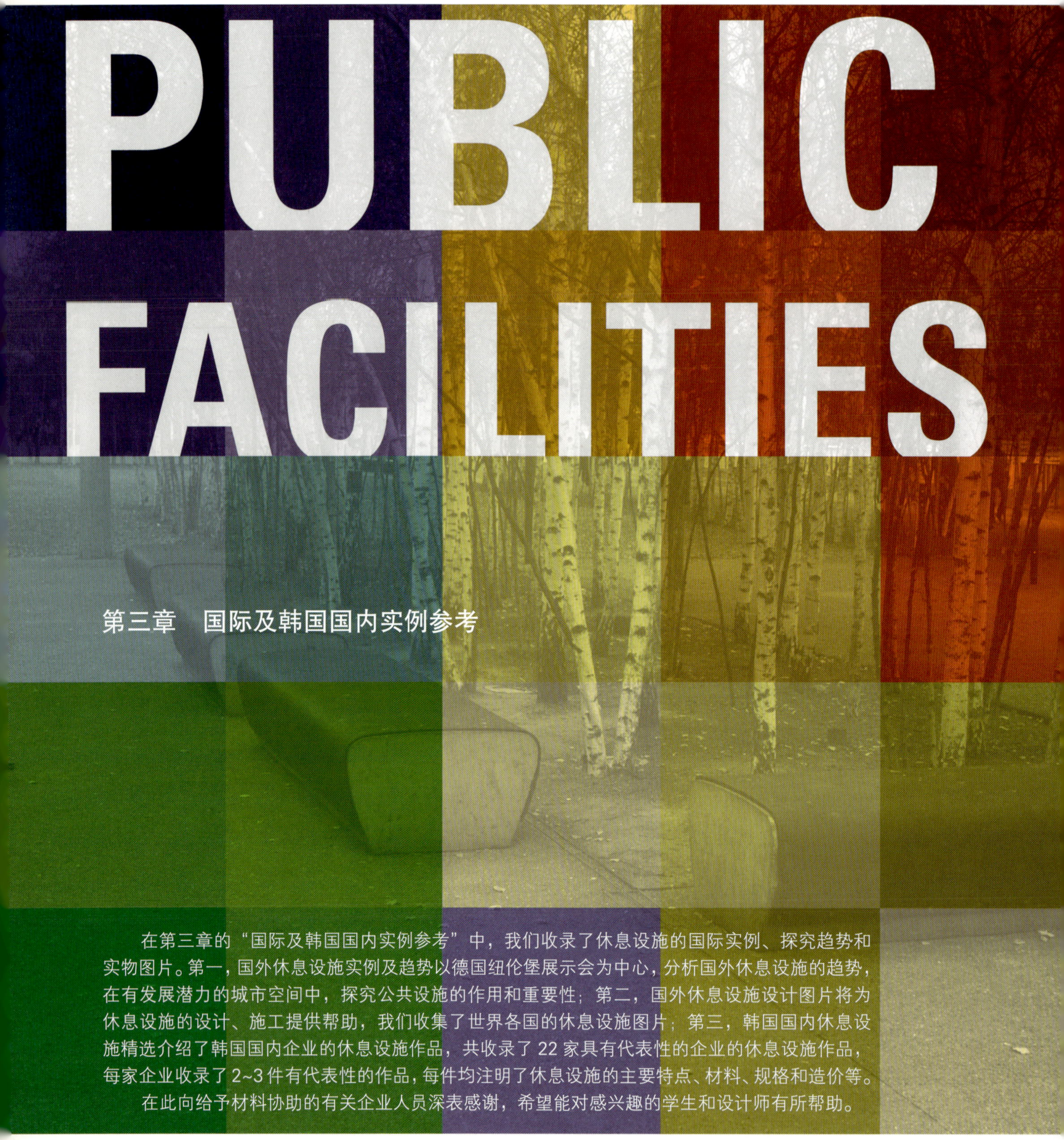

PUBLIC FACILITIES

第三章　国际及韩国国内实例参考

在第三章的“国际及韩国国内实例参考”中，我们收录了休息设施的国际实例、探究趋势和实物图片。第一，国外休息设施实例及趋势以德国纽伦堡展示会为中心，分析国外休息设施的趋势，在有发展潜力的城市空间中，探究公共设施的作用和重要性；第二，国外休息设施设计图片将为休息设施的设计、施工提供帮助，我们收集了世界各国的休息设施图片；第三，韩国国内休息设施精选介绍了韩国国内企业的休息设施作品，共收录了22家具有代表性的企业的休息设施作品，每家企业收录了2~3件有代表性的作品，每件均注明了休息设施的主要特点、材料、规格和造价等。

在此向给予材料协助的有关企业人员深表感谢，希望能对感兴趣的学生和设计师有所帮助。

国外休息设施实例及设计趋势 / 金圭雄（Kim, Kyu Hyung）

国外休息设施设计实例精选

韩国国内休息设施精选

参与企业（依照韩文字母排序）
Deosworks I（株）Dream world I（株）Design goeul I Design Pole I（株）MAC 设计 I（株）BnG
（株）Samji 造景产业 I（株）Seminland I（株）Sein 环境设计 I Space Talk I Siniland
C&I PLUS I（株）AREUM I ID Plus I（株）YEGUN I（株）WOOJUNG LAND 产业
WON&TS I（株）Zain I（株）JEOWON I JSETECH I Toin Design I Hebron

国外休息设施实例及设计趋势

以德国纽伦堡展会为中心

金圭雄

在欧洲，通过大大小小的各种展览活动，人们接触休息设施及儿童游戏设施的机会是很多的。德国纽伦堡每隔两年举办一次Galabau展会，本人获得一次参观机会，如果将国外的休息设施功能质量与韩国国内的同类产品进行比较，本人认为其差距正在缩小。因为过去我们往往单独强调外形上的特征，现在则认为位于公共场所的休息设施应以方便周围所有居民的使用为目标进行设计。

为了赶往Galabau展会应先从仁川机场飞往德国法兰克福，然后再换乘飞往纽伦堡的飞机。这次展会从2010年9月15日至9月18日持续4天，来自包括德国的欧洲其他国家、美洲、亚洲的企业都积极参与，人们的反应比较热烈，会场出入频繁。

Galabau 展会会场入口

本届 Galabau 展会与上届 2008 年度相比有以下特点，上届是休息设施的多样性与设计，功能性是令人大开眼界的特征，本届则是以儿童游戏设施和户外运动设施为主。参与展出的企业也增加了许多。金融危机从欧洲开始向全世界扩散，建设与造景景气度降到了冰点。因为，欧洲等国类似美国国内其他企业，受到的冲击很大。

国外休息设施企业如我们熟悉的美国公司 KOMPAN，eibe，HAGS，HUSSON，LAPPSET 等，德国公司 Pieper Holz，ABC-TEAM，Kaiser&Kuhne 等带来了很多优秀产品，使我们大饱眼福。Galabau 展会的优势在于能够提供了解欧洲休息设施设计趋势的机会，大部分的德国企业都会参加，也能发现德国以外的其他欧洲国家的休息设施公司。但是，几乎看不到北美和亚洲公司的作品，实际上参观 Galabau 展会的顾客以欧洲人为主，欧洲以外的市场开拓宣传似乎不足。另外，浏览一下 2006 年和 2008 年参会的顾客及企业的满意度调查图表及资料，反应较好，所以，是否扩大对美洲和亚洲的宣传活动显得不是那么重要。

与上届 2008 年展览不同，这次严格限制对休息设施拍照，特别是景观设施部分。笔者带着本公司 20 余本宣传册，向顾客说明了我们的参观目的后，来到了展台一侧，不等我向负责人说完，他们就向我热情介绍了自己公司的新产品。对将要参加 2012 年 Galabau 展会的顾客来讲，我认为这可能是更加信任外国企业的方式。

游戏设施展区中 ESPAS 公司的展台及游戏设施新产品

ODM 公司的休息设施：坐凳

Teeken 公司的休息设施：坐凳

参会的景观设施企业数目并不是很多，设计的作品与韩国国内产品差别不大，让我们感觉到韩国产品在某种程度上达到了世界水平。最近街道家具中不再单纯重视外形设计，而是以功能和简洁为中心，市民能够从自发使用中接受，和城市环境更自然地融为一体的产品才能获得市民的积极响应。考虑到周边环境和使用要求，模块化系统组合的产品，即使将其部分组合部件更换后，也会令人耳目一新。而且，设置在室外的产品要求更坚固耐用。

参观 Galabau 展会后，游览了纽伦堡市区，市内有关休息设施和城市环境设施的设计作品令人大开眼界。大部分欧洲国家的城市中心与德国一样，环境设施与历史建筑很协调，且每个国家都具有各自的特点。纽伦堡也是以旧城为中心进行扩张的城市，教堂广场位于城市中心，其他如厅舍、城、教会、住宅等历史建筑的使用功能仍然延续至今。纽伦堡也是一个以玩具节出名的地方，每年举办的活动吸引来自世界各地的观光客，从而成为国际性的节庆活动。市内的玩具商店到处可见,玩具用不同的素材制作而成。儿童喜欢手持把玩玩具，价格高的玩具制作精致可以当成是装饰品。城市中心的地面铺装非常系统和科学，使得人行主路和车辆主路容易辨认。另外，2011 年开始全面铺开的自行车道路网建设（这一部分韩国国内也可以借用），即便不进行道路铺装，也要充分保证自行车路线的效果。街道设施的重要特征就是外形设计远远没有功能丰富重要，这已贯彻在大部分环境设施设计

Eralu 公司的休息设施：坐凳

WEW 公司的休息设施：坐凳系列

中。城市色彩方面如同首尔市制定的设计导则一样，大部分城市环境设施均采用低彩度和低明度。

结束纽伦堡的行程，我们去了柏林。东西德统一后柏林墙的一部分及其周边地区保留了下来，来这里能够感受到冷战时期共产主义和资本主义两大阵营的紧张对立。如同到波茨坦广场随处可见人们书写的参观日记和博客、感想文一样。这里作为诸多现代宏伟建筑的集中地，地铁站、国会议事堂、索尼中心、柏林交响乐团、犹太人广场等位列使馆街两侧。很远就可以看到外形像富士山的索尼中心。据说索尼中心从设计到施工过程中留下了很多趣闻。一个特例是柏林街头偶尔可以看到韩国至今仍在实验中的电动汽车，减少碳排放，创造愉快的城市环境，为此而努力的德国人的智慧可见一斑。走过国会议事堂，周边的现代建筑和城市空间及交通系统处理方式，指示着柏林向着世界大都市迈进的方向。柏林也具有紧凑的城市肌理，步行道、自行车道和汽车道清晰可辨，简洁且现代感十足的街道设施有助于为韩国国内未来的公共设施设计方向提供参考。

公交候车亭及所属休息设施和公告栏

结束了在德国的旅行感受如下：应为城市环境中生活的市民提供公共性的交流空间，设计师应具有为公共服务的价值观。将这两个特点结合好所做的设计即是公共设计。虽然说所有的人工构筑物都是公共设计的对象，对此进行更具体的分类，有公共设施、公共空间、公共视觉媒体等。德国作为建筑和城市中的多样空间、休息设施、交通系统等非常体系化的国家，今后韩国国内大都市在制定从数量到生活质量的探索发展计划过程中，有必要进行不懈努力。这并不是说单纯提高城市价值，对共享城市设施的城市居民应进行自信心和自负心的教育，加强共同体的凝聚力。未来的公共设计应满足更多的功能需求。现代社会的特征应逐渐向满足人的精神需求转变。因此，以休息设施为主的公共设计应重视个性特点，以个体的喜好、经验和感性为中心进行。bronzew74@naver.com

索尼中心内为方便人们休息设置的坐凳

国外休息设施设计实例精选

整理：编辑部，摄影：金健荣　金圭炯　僧智贤　李有真　赵龙哲　曹恩卿

韩国国内休息设施精选

本书收集到了 22 家有代表性的企业所提供的休息设施资料，这里简要收录了其特点、材料、造价、设计等。

在此向给予材料协助的企业及有关人员表示深深的感谢！收录排序以企业名称拼写为序。

参与企业

Deosworks	C&I PLUS
Dream world	AREUM
Design goeul	ID Plus
Design Pole	YEGUN
MAC 设计	WOOJUNG LAND 产业
BnG	WON&TS
Samji 造景产业	Zain
Seminland	JEOWON
Sein 环境设计	JSETECH
Space Talk	Toin Design
Siniland	Hebron

Deosworks 公司

太阳能音乐休息亭 Sonare

吸引人眼球的所谓光伏发电和 IT 技术等感性元素已经可以与模拟自然鲜花和图像的线条造型的要素相结合。我们提供的就是这种欣赏音乐的同时放松身心的场所。利用 LED 照明，隐约的光线凸显周边景色，晚间通过传感器控制自动减少能量消耗，在经济和产业方面是一件高效的休息亭。白天储存太阳能晚间使用其白天所发的电能。音响为不影响休息亭的整体设计，采用了嵌入式，根据时间、天气、季节的变化，调整音乐节目数据库，通过网络终端即可自动选择音乐曲目。

规格—W3955×D2900×H3450
材料—STL-Pipe，STL-Plate，G.V.Sheet，Hardwood，LED，SOLAR CELL
造价—34200000韩元（设计预算，包含音响服务）
其他—2009德国IF设计获奖项目，2009优秀设计奖

韩华 echo metro HW- 休息亭 11

对使用者而言，原来四面开放的休息设施具有辽阔的空旷感，本设计与此相比更多了一份幽静，可同时具有开敞和幽静两种体验。这件休息亭已经不是方方正正的四角箱子模式，由于增加了温柔的曲线元素，给人以心理上的安定感，同时木质材料围合的空间，能给人自然平静的感觉。由于采用了休息亭和坐凳的一体化组合设计，减少了空间占有率。该设计减少了不必要的装饰，追求简洁大方；作为既时尚又人性化的设计，当然也能完全满足功能需求，耐用性和替换性方面也很出色，保证了能长期使用下去。制作使用了一般模数化材料，通过合理化的安装，确保经济效益，同时也考虑了功能特点。

规格—W4000×D4000×H2600
材料—STL-Pipe，STL-Plate，G.V.Sheet，Hardwood，Polycarbonate
造价—20110000韩元（设计预算）

（株）Dream world 公司

膜结构休息亭系列 架子膜结构 C

兰芝汉江公园内安放的造型独特的膜结构休息亭系列小品是几种自然仿生产品。设置在江边戏水场的架子膜结构 C，采用了船帆的形象化造型，既高大又雄伟，给人以舒适感的同时充分伸展的造型也吸引了人的视线。汉江边秀丽景色和膜造型相配合，好似航海的感觉。为了更具有自然亲和力，设计中采用了明亮圆满的圆月和木兰花的花瓣造型。这已是设计专利作品，突出了作品的曲线美和精炼的造型，由此划分的空间也丰富多彩。拉膜结构使用了高强度轻型结构材料，施工简单而经济，具有创造明亮而又温暖气氛的优点。展示的自然流线型曲面，可以更好地表达设计师的理念。

Loop 休息亭等

大邱市坪里洞乐天古堡住宅区内建造的休息设施与周边的环境很协调，人们在此感到很方便和舒适。该设施造型简单，节省了多余的建筑用材，施工也很方便，打造了环境友好型的休息空间。休息亭钢柱上涂以橄榄绿，局部采用银色装饰，统一的色调搭配凸显了高档，使用者感到亲近的同时还满足了审美情趣。“ㄱ”字形框架与三角形顶棚连接成的 loop 休息亭造成温馨的房屋形式，屋内提供了阴凉和休息场所。在“ㄱ”字结构柱的基础上连接了“匚”顶棚，这种连续设置的“匚”型休息亭给人一种精炼的造型美。石材立柱拱卫的长方形排梁，雄伟的矗立并放射着统一的金色光芒。休息亭系列的简洁、直线型与其下面的琥珀色平坐凳的曲线型相呼应，从而强调了此处的高贵和典雅。

（株）Design goeul 公司

Goeul 休息亭 07-1 /Goeul 坐凳 16

街角的袖珍公园，虽然管理维护不方便，但是却具有实实在在的功能和吸引市民前往休息的魅力。从设计作品的组成来看，围绕树木下部布置了棕色的串联式坐凳，为雨天避雨设计了六角休息亭。柱子和梁的部位使用 A/L WOOD（将铝制锻压梁插入木质结构内的施工方法），增加了耐腐蚀性，也便于后期维护管理。顶棚采用了可以让光线穿透的聚碳酸酯材料，超越了传统的顶棚造型，具有时代感。

规格—W4850×D4200×H3320/ D2400×H410
材料—AL-Casting，Hardwood，STL-Pipe，Polycarbonate
Hardwood，STL-Pipe，AL-Casting
造价—14500000韩元/2220000韩元

Goeul 坐凳 02 /Goeul 休息亭 06

平沙休息区的例子是大树周围设置了简单明快的平坐凳，在凳子的腰眼处，嵌上了休息区所在地的道路施工标志，从而充分满足了招标人的要求。两处休息亭并排设置并与垃圾桶和坐凳组成一体，具有整体感。亭柱和梁的部位也使用 A/L WOOD（将铝制锻压梁插入木质结构内的施工方法），增加了耐腐蚀性，也便于后期维护管理。顶棚采用了可以让光线穿透的聚碳酸酯材料，超越了传统的顶棚造型，具有时代感。

规格—W1500×D500×H400/ W4200×D4200×H3200
材料—Hardwood， STS-Pipe， AL-Bar
Hardwood， STL-Pipe，AL-Bar，Polycarbonate
造价—410000韩元/12800000韩元

Design Pole 公司

蘑菇坐凳（Mush refresh）

Design Pole 公司将不可能沿长轴长时间打磨的天然石材中混入混凝土而生产出新概念"环境友好型石材街道设施"。Design Pole 公司的坐凳可以出品各种各样的形态，给休息场所添加更多的趣味概念和感受。激发人们想象力的蘑菇坐凳（Mush refresh）获得了 2010 年京畿道优秀公共作品设计认证。

规格—446×450（可订货制作） **材料**—环境友好型石材（申请专利）
造价—500000韩元 **其他**—2010年京畿道优秀公共作品设计认证

管状体坐凳（Tube cylinder）

Design Pole 公司的设计作品的一般使用年限往往超过 50 年，因此应赋予设计产品坚固耐用的取向，如古代的巴特农神庙、方尖碑等艺术品，虽历经沧桑巨变，使用价值不变。作品混入了破损的葡萄酒瓶、焚烧的垃圾污泥和贝壳等天然材料，增强了与周边环境的协调，也能显示自然的色彩。坐凳下部嵌入照明灯具，在反射率低的树木和草皮旁，可增加公园亮度，同时这些照明提供了公园内的路线指南。

规格—480×450（可订货制作） **材料**—环境友好型石材（申请专利）
造价—500000韩元

智力玩具坐凳 Puzzle tri

Design Pole 公司充分利用天然石材原有的质感和多彩的颜色，通过实用而简练的设计手法，达到改善城市景观的目的。由各种工具组合而成的智力玩具坐凳不仅能显出多彩色，而且可以随着周边环境自主变换各种造型，同时可以进行多种组合变化，从而创作很多有趣的故事。坐凳基本上以单人使用为主，如果将三角形基本形态进行不同组合，可以排列出各种愉快的休息场所。

规格—480×450（可订货制作） **材料**—环境友好型石材（申请专利）
造价—500000韩元

（株）MAC设计公司

太阳能休息亭 DSP-112

生活在当今社会的人们对再生能源的重要性有较高评价。在共同生存的这个世界上，能无限提供电力就是具有魅力的太阳能，没有什么是比太阳能再贵重的资源了。白天将太阳能储存在休息亭内部的控制箱里，日落后供给照明灯使用。设计的太阳能模块充分考虑阴雨天和冬季，采用的设计构造能够使储存的电量满足一天以上的电力供应。现场安装时，为适应BI制作和排列的设计变更的可行性，应提供太阳能BI照明和休息亭下部的LED照明。MAC设计公司的太阳能休息亭，可以根据现场条件进行设计，也可进行变更设计，一直为实现更好的生态设计而努力。

规格—W4000×D3600×H4000
造价—24500000韩元（设计预算）

规格—W2950×D3000×H3000（1EA），W10600×D3000×H3000（5EA）
造价—13000000韩元（1EA，设计预算），65000000韩元（5EA，设计预算）

扇形休息亭 DSP-116

休息亭的柱子是以桦树造型为基础进行的仿生设计，这种休息场所可以看成是种植桦树林的空间。石料切割形成的斜线与木材纹理的强烈对比，多少弥补了石材冷冰冰的缺点，并加强了与周边环境的协调。采用扇形构造的顶棚设计有效避免了造型的单调。活泼的空间划分、根据现状条件进行的灵活布局，以及细节设计更是其突出特点。通过造型独特的多样设施的空间组合，达到色彩、结构和环境的协调统一是MAC设计公司的努力方向。

（株）BnG 公司

八角亭 LAREX-1331

在风景好的地方建房子的目的是为了游玩和休息，这种房子我们称之为休息亭，其宗旨是最大化地满足功能需要，能够满足无论男女老少都可以方便地坐卧停留。能够感受传统美的 LAREX 八角亭为来休闲的人们提供了心理上的安静和平和。另外，它放弃了单调的一层屋顶结构，采用了复层棚顶设计，提升了产品的品质，在木制地板平台上放置了木质坐凳，这样的内部空间与其他产品相比给人一种优雅和温暖的感觉。

规格—W5700×D5700×H4410
材料—木材
造价—24900000韩元

藤座椅 LAREX-4115

藤座椅不追求繁琐和华丽，只满足其基本功能和经久耐用性。为使人坐上时能够感到非常平静和舒适，设计中采用了最优角度和面积指标，因此是一件重视使用者便利性的产品。藤座椅的基本形态维持原材料独有造型，设计中采用最节省材料的手法达到亲环境的目的。因为具有不易断裂的特点，在任何场地都能与周边环境相协调，也具有被接纳的优点。

规格—W1500×D511×H822
材料—木材，AL-Casting
造价—500000韩元

（株）Samji 造景产业

休息亭 SAM-151

直线型休息亭是专为使用者设计的安静的休息处，也体现简洁的空间概念。既现代又具有时尚感，坚固耐用又具有安定感，这就是 SAM-151 休息亭为使用者提供的最具人气的产品。

怀着哪怕稍许恢复因盲目开发而被破坏的自然环境的心愿，为了设计更好一点的环境友好型的休息场所，根据基底的特点探索了各种布局的可行性。使用者在这里休息的同时可以很自由地观赏周围景观。

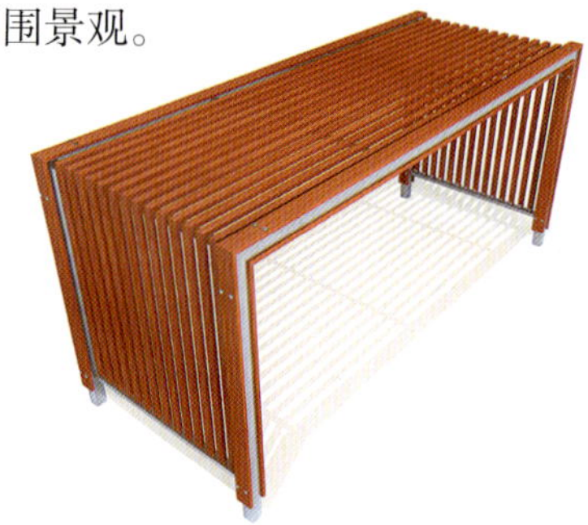

规格—W4500×D2000×H2800
材料—Hardwood, STL-Pipe, Frame
造价—13000000韩元（设计预算，基础安装费另算）

休息亭 SAM-1491

休息亭建造的基本目的是休息。降雪和下雨等天气突然变化时，可以庇护行人。当然其他时间还是人们约会、驻足停留交流的场所，所以应以营造令人赏心悦目的环境为重点。这件作品选在基底内近景和远景俱佳的位置，从而产生了具有魅力的空间。用柔美曲线连接起来的设计，根据场所的不同可呈现多样的变化类型。由于是人体直接接触的设施采用了环境友好型材料，是一件使人产生亲近感的作品。

规格—W4850×D2340×H3600
材料—Hardwood, STL-Pipe
造价—13000000韩元（设计预算）

（株）Seminland公司

三叶草休息亭 SM-OLP-103A

三叶草休息亭是模仿三叶草植物叶片而设计的环境友好型休息亭。每件休息亭顶棚可以用1、2、3、4、8组叶片连接使用，这样就能适应各种空间和场所，组合起来也能满足各种功能需求。另外，休息亭柱子是Seminland公司登记注册的设计专利，将柱子内的铝制固件与木料和塑料板相结合，在这些材料上雕刻文字和花纹，也可以将地名等刻录上。柱子内部设置LED灯供夜间照明使用，同时形成的美丽夜景吸引了来访者，使亭子的夜间使用频率大大提高。草坪广场上以美丽的三叶草造型为主的4组顶棚组合、专利柱的多种使用功能、种子发新芽形式的靠背椅等创新型的设计仅仅抓住了使用者的心理，营造了富有活力的舒适的休息空间。

规格—W5100×D5100×H3500
材料—铝制挤压型柱，STL-Pipe，Hardwood干燥木，Polycarbonate
造价—19800000韩元（设计预算）

新芽四角休息亭 SM-OLP-4207

在高扬市一山滨水公园中央广场内的面向湖水一侧，设计了新芽四角休息亭。该处面向非常开阔的湖面，人们能够远眺湖光景色，为此设置了8组休息亭，每组由4个组成，均呈半圆形布置。设计以植物的根和绿叶为模仿对象，在广场空间中很自然且贴切地布置，面对宽阔的湖水更赋予了很多深意。新芽四角休息亭将模仿树根与新芽树叶花纹放在亭子一侧，触发自然感悟又给人舒适的感受，其个性也得以彰显，真是一件设计温馨的作品。为公园的使用者提供放松心情、休息身体，同时又能远眺湖水美景的地方。休息亭的设置真是起到了画龙点睛的作用。

规格—W4000×D3200×H3000
材料—H型钢柱，STL-Plate，Polycarbonate，铝制合金铸件，Hardwood干燥木
造价—9820000韩元（设计预算）

（株）Sein 环境设计公司

亲水型休息亭 SIWP-001

亲水型休息亭是在原有的传统休息亭基础上结合水景空间而设计的新型设施，也是进一步强调水景空间魅力的休息设施。是为应对人们对滨水空间和水景公园日益增长的需求，将原来水景空间中的独立休息设施与滨水空间相结合而产生的新类型。亲水型休息亭的动力装置埋在地下，利用该装置将储水池的水抽取到休息亭顶部，水流沿着顶棚缓缓而下形成水幕，同时水幕遮住了烈日的照射。另外，设在中部接水槽内的水平调节器可以防止水流偏向一侧，而是沿着设计轨迹保持一定距离流下来。SIWP-001 模型采用左右对称的均衡形式，以求视觉平衡，中部设置了生产水波纹的构件，使水幕产生流动的韵律。Gray 系列的粉体涂装可保持长期不褪色，钢铁、木材、石材等互相搭配使用营造了现代化氛围，使得公园或居住区内该休息亭与滨水空间能够相互融合。

规格—W6800×D3900×H3500
材料—STS-Plate，Hardwood，钢化玻璃，水磨花岗石，防止绿藻污染涂层
造价—48300000韩元（设计预算，附加税和设备另计）
其他—专利局专利注册

亲水型休息亭 SIWP-002

亲水型休息亭 SIWP-002 采用的是圆的造型，它强调了轻快的曲线，通过流动的水波，将亲水型休息亭的活力形象地表达了出来。居住区内的滨水空间，特别是当旱地喷泉及儿童戏水设施相邻设置时，应注意与周围设施的自然协调。顶棚承担遮阳和形成水幕的作用，使用的材质是曲面钢化玻璃，为保持清洁防止被绿藻污染，进行了特殊涂装，另外，上面覆盖的一层塑料膜可达到遮阳效果。座椅和其后面亭子上使用的木材，用天然的油性着色剂涂抹，可以长期保持色泽和品质。在休息亭后面的休息空间内设置了控制箱，可以调节休息亭上面水的流速。柱子内部安装了排水管，防止流水设施不能启动或冬季天冷时冻裂管道。

规格—W8000×D4200×H3200
材料—STS-Plate，Hardwood，钢化玻璃，防止绿藻污染涂层
造价—46000000韩元（设计预算，附加税和设备另计）
其他—专利局专利注册

Space Talk 公司

休息亭 SP111

休息亭 SP111 是连接圆形平台的构造设施，也是环境友好型的休息场所。圆形平台的中部种植了杜鹃花科植物，圆形的周边设置成了坐凳为人们提供便利的休息，上部用聚碳酸酯和 STS 管材打造成的圆形顶棚。圆形的环绕空间，相对于垂直向上的高层住宅更具舒适感。另外，材质采用了暖色系颜色，与自然界中常见的亲近颜色一致，可以很好缓解建筑材料原有的冷冰冰的感觉。

规格—W13308×D13308×H3355
材料—Polycarbonate，STS-Pipe

休息亭 SP 334

单从混凝土自身具有的颜色和质感看，其具有朴素和坚固的外观。露石混凝土与彩色砖块一起担负着划分空间的媒介作用。竹子穿越圆形天窗茂盛生长，这种设计赋予了休息亭对现代感的全新诠释。天窗的树枝框架和窗框形成的阴影，营造了明快的氛围，为协调混凝土构造与周边环境，增加了水平细密的框架。结构与外形一体化，结构美和周边树木相配合一起营造了具有特色的安静空间。为人们提供休息场所的休息空间中最大限度减少装饰要素，以能够满足功能需求的简洁形式为基础，展示材料本来的质感，营造简洁单纯的空间。通过这样的设计为寻找休息空间的人们提供了舒适和平安的感觉。

规格—D5500×H2700
材料—露石混凝土，火山石，Hardwood，Polycarbonate

休息亭 SP 368

浦项市长城 Hyunjin Everville 居住区中的别墅采用红色提高了可识别性。不锈钢表面采用了红色涂料成为可以识别休息设施的一个象征性的造型。此设计的着眼点在于，不但将休息亭设计成行人的休息区，也是标致性建筑及基地内的标示性的认知指标。建筑设计中采用了几何学的规整形态及很多斜线，相当于创造了适应材质和色彩的新景观空间。

为了设计适应周围环境的具有个性的休息亭，研究分析了各种材质和搭配方案，从厚重的石材、金属的外皮中采用了醒目的红色作为单一色调，达到与周围环境的协调。

规格—W6954×D5004×H4200
材料—STS-Plate，STS-Pipe，Hardwood，组合钢化玻璃，照明

Siniland 公司

眺望台休息亭

在相同造型的休息亭上融合新的屋顶形式，以崭新的休息亭造型示人，能很好地达到与周边环境协调的目的。结构稳固不用担心损坏，坐凳与柱子结合在一起能够满足多人的使用需求，同时设计成避雨亭的形式，无论刮风下雨，无论太阳酷热都能成为愉快的休息场所。另外，由于采用了组装式的设计方案，随时随地能进行局部卸装、维修、部件更换、整体移位的工作，维修工人可以很容易地进行维修操作，从而极大地延长了休息亭的使用寿命。

规格—W4400×D4400×H3020
材料—美松防腐木
造价—13262000韩元（设计预算，附加税另计）

韩文字母坐凳

以韩文字母的辅音形状为基础简单涂色而设计成的坐凳展示了韩文的优美。当前外来语冲击如洪水泛滥一般，韩文字母坐凳恰恰提供了人们熟悉母语的机会。人们在日常生活中随时随地可见，也可以与字母进行自然的亲密接触，这种具有亲近感而没有陌生感的韩文字母坐凳能够满足多人同时休息的需要。产品可以依据空间大小进行设计，也可以与其他字母配合布置，适合任意场所。

规格—协议定做，另外咨议
材料—美松防腐木
造价—另外咨议

C&I PLUS 公司

休息亭 CIP-455

在不同场所为使用者提供休息的休息亭从其立面要素来看还应该具有观景作用。CIP-455 休息亭是在兼具美观造型和休息功能的设计原则指导下，将直线简化而设计成的作品。因此，此设计除保留功能线以外，对其他线条进行了简化及合并，这样简洁的造型和单纯的形态彰显了休息亭的高雅和优美。另外，休息亭下部最大化地开放，为方便使用者将座椅和柱子进行了一体化设计。设计中不仅提高了品味，在使用空间中为兼顾美观还赋予了造型美的功能。除此之外在反复使用的地方选用了硬质木材方便了人们使用。

规格—W2900×D2450×H2450
材料—STL-Pipe, STL-Plate, Hardwood, 钢化玻璃
造价—15800000韩元（设计预算，附加税另计）

休息亭 CIP-371

休息亭 CIP-371 因其设计的完整度和优秀性获选首尔市优秀公共设计认证作品。本产品以适应周边建筑环境和休息场所的营造为前提，采用了弧线和直线的有机结合，追求视觉美感和休息的便利。与上部弧线横梁连接的倾斜的木条会随着太阳光的变化呈现多种投影效果，同时使用者位置的变化也会产生不同的开放感受和丰富的体验。

规格—W4200×D2500×H2550
材料—AL-Bar, STL-Plate, Hardwood
造价—10500000韩元（设计预算，附加税另计）
其他—首尔市优秀公共设计认证作品，政府采购第三次单价合同产品（国家场所，综合购物中心）

（株）AREUM 公司

AR2028 六角休息亭（灰瓦）

凸显传统美和简约美的 AREVM 公司代表作品六角亭，其主要特征不仅有传统意义的屋脊“人”字梁，对屋檐也进行了设计处理，做成了曲线形状，可明显看出与普通六角亭的不同。拥有曲线美的鸡脚栏杆的使用使亭子整体显得高级，鸡脚栏杆内侧设置了坐凳和扶手，其实用性也毫不逊色。此外，木材连接处用不锈钢角铁加固，顶棚采用复合木板，整套工艺干净利落。根据场地特点六角亭产品也可以订货做成观景台的形式。

规格—ϕ7200×H4883
材料—美松防腐木材，麦饭石瓦
造价—35500000韩元（设计预算，附加税另计）
其他—获得ISO9001认证，政府采购第三次单价合同物品（国家场所，综合购物中心）

AR2046 四角休息亭（灰瓦）

AREVM 公司正在设计制作的休息亭为四角休息亭中最华丽的产品，它将亭子使用的椽子、横梁、屋梁、柱顶等要素结合起来强调其传统性。尤其是木雕（围绕柱子上边侧面和昌枋下面的粘贴物）部分雕刻成云彩的形状（设计注册号 0006591），提高了工艺的完整度。另外，屋顶使用的麦饭石瓦是麦饭石和添加剂制成的新材料，其强度和硬度都非常高，虽然厚度较薄其强度和硬度毫不逊色。薄薄的麦饭石瓦不仅承担普通水泥瓦的作用，而且由于自重降低，提高了安全性。同时由于产品重量轻，施工较容易，施工工时也大大缩短。

规格— W5600×D5600×H5168
材料—美松防腐木材，麦饭石瓦
造价—48000000韩元（设计预算，附加税另计）
其他—获得ISO 9001认证，设计注册（注册号：0006591）

ID Plus 公司

规格—W5400×D3000×H3000
材料—Hardwood, AL-Casting, AL-Bar, STL-Pipe, STL-Plate, Polycarbonate
造价—14000000韩元（设计预算，附加税另计/现场安装图）
其他—忠清南道，优秀公共设施认证产品

连接型休息亭 ID+P060

在市民日常生活的公共空间中应提供随意漫步的街道，适合慢行和驻留的公共空间等。

为方便使用者，并为其提供更高效更实用的休息空间，满足并协调各种使用功能，不再是单纯休息空间的设计，而是以环境友好型休息场所为目标进行的设计，目的是在方便人们空间活动的同时提升其文化水平。

休息亭的连接方式可以随着安装场地而改变，由此探索了相应的设计对策。休息亭的结构安全不仅有所保证，而且可以达到四面通风良好的效果，长期使用也没有问题。考虑了休息亭的各种颜色、质感和规格，实现整体均衡协调。为防止安装时的上部积水和下部沉降，在结构设计中，对安全性问题投入了更多的精力。另外，这种简洁模式化形式容易进行扩充连接。

坐凳型休息亭 ID+B071

是以所谓“落寞生活中的自然”概念设计的坐凳型休息亭超越了传统遮阴篷功能，将日常生活中的自然现象收入其中的设计作品。下雨时，雨水从顶篷沿着柱子顺流而下，灌溉了亭子下的树池，有利于亭内的植物生长。因此，休息亭不再是简单的休息场所，而是环境友好型的空间，为市民提供愉快和平安的休息区。

规格—W3600×H3400
材料—Hardwood, AL-Casting, STL-Pipe, STL-Plate, G.V.Sheet
其他—23400000韩元（设计预算，附加税另计/现场安装图）

（株）YEGUN 公司

光伏多媒体休息亭——椭圆型，聚乙烯型

以 SUN · NEST “享受阳光的鸟巢” 为新概念而设计的光伏多媒体休息亭。如概念所指是人们以周边环境为背景进行的温馨设计，不是要遮挡全部阳光而是使用了能透光的材料如钢化玻璃等，活用了 Glass to Glass 方式。太阳板光伏电池积累的能量转化为电能，驱动音乐盒中的播放器，收听音乐，夜晚可以使 LED 灯隐隐发光。

规格—W6000×D3900×H3000/ W4200×D4200×H3200
材料—Hardwood， STS-Plate， STL-Pipe，Solar System，LED照明，钢化玻璃

贝壳型坐凳

此作品是考虑了南海的地域特征，以海边白海滩上常见的美丽贝壳为主题进行的设计。独到之处是组合了多种材质（木材、钢材、石材等），适应了地域影响特征。为降低海水和海风的破坏影响，管理维护中在坐凳表面涂装了氟树脂。

规格—W1600×D545×H430
材料—Hardwood， STS- Pipe，AL-Casting，马川石

树叶型遮蔽所

字面可以理解为花园观光园区的概念，遮蔽所是用植物花瓣为题材而进行的设计。设计体现了花园园区的特性，凸显了花瓣形，同时管理维护中通过涂装氟树脂降低海水和海风的破坏。

规格—W2700×D2470×H2700
材料—STS-Pipe，STS-Plate

（株）WOOJUNG LAND 产业

传统韩式八角亭 WJ-789-A

“韩国的就是世界的”，造景设施的称呼中最接近的设施据说是亭子吧。传统休息亭的安装顺序是先在地面上铺上基石，在基石上放置基座。这样的设施与地面分离，基座下面悬空，打开了“通风口”使得整个休息亭夏天格外凉爽。就像从岳父手中放飞一样，自命不凡的丑女子将来视野没有阻碍（译者注：原文如此），随着年代久远天然树木散发的香气使人更舒适，身心更安定。夏天厚厚的地板层吸收了太阳的辐射热，使亭内变得凉爽，冬天顶棚上的黑色陶瓦隐隐辐射热使得亭内变得温暖，这就是韩式休息亭的优点。

规格—W8500×D8500×H5851　**材料**—道格拉斯冷杉，陆松，韩式陶器
造价—148000000韩元（设计预算，附加税另计）　**其他**—LH公司选样订货产品

开放式观景台 WJ-020-W

沿着登山路攀登的过程中，流了很多汗水，中途歇歇再走时，定有吸引眼球的魅力风景等着你。为了更好地观赏景色，即使尝试踮起脚尖，也有不能将所有美景尽收眼底的遗憾。在这样的地方可以观赏美景又极少破坏原来的自然环境，这个地点建设的设施就是“开放式观景台”。坚固美观的钢架上外包天然木料，辅以安全栏杆，以应对跌落滑倒等安全事故的发生。一层设有如咖啡屋似的休息空间，二层提供了地域信息、登山信息和望远镜等，具备多种使用功能。

规格—W1200×H6000　**材料**—Hardwood，STS，ST
造价—78000000韩元（设计预算，附加税另计）

华丽式木栈道广场

此件作品是将木栈道浮在水面上，以便使人更加接近自然的设计作品。多种选择性的游览路线设计，水面休息广场和休息设施（华丽式休息亭）组合起来可以建成一个滨水主题公园。配备了生态观景平台、远景眺望平台、管理设施用木栈道等主要景观设施，无需对滨水空间大兴土木，优点是不影响水生植物的生长。

规格—10.44×3180(组装型 ONE BLOCK)　**材料**—天料木（malas），ST，FRP
造价—35000000韩元（设计预算，附加税另计）
其他—专利申请号10-2008-0044615

WON&TS

I-Smart Pergola WTS BP-003

I-Smart Pergola 的概念是指利用自然能源，提供使用数字集合产品的空间，通过创新设计改善使用公共设施的消费者的生活质量。Smart 技术突飞猛进的同时，人们已经习惯了网络无处不在的环境，即无论任何地方、任何环境下都能随意连接网络，这样令人兴奋的"M 动人"（Homo Mobilis）时代已经到来。利用 Smart 设备，能够随时随地处理工作和业务的新生代年轻人虽然期望消费更多的能源，但是由于受物质条件和时间的制约，随心所欲进行能源消费的环境条件还在积极争取。目前，为改善市民的生活质量，转换公共服务的新理念，此方案正是利用环境设施来改变生活模式的典型。

规格—L5390×W3000×H270
造价—33000000韩元

规格—L1600×W620×H800
造价—800000韩元

规格—L1600×W450×H450
造价—600000韩元

Root Bench WTS BB-013

树根具有支撑参天大树的作用、也是整个树木最安定的部位。Root Bench 就是将大树的树根分离出来，并以此为主题概念设计的坐凳。设计主要考虑到树根能够提供视觉稳定感，采用简单的线型与曲线恰当搭配，将古典式、自然式和现代感进一步融合而完成的坐凳。

Twist Bench WTS BB-011

随着自行车使用的逐步普及，自行车保管处的需求量也会急剧增加。因此，将座椅和自行车保管处结合起来可以更方便使用者，这也是城市中较为有效的使用公用设施的思路。以 Urban 和 Nature 作为关键词，以适应城市中心的形态和自然素材为审美标准进行设计。不锈钢的扭曲（twist）加工工艺采用了创新技术，达到可以存放自行车的结构要求。设计中聚合板可按任意角度调整，提高了美感和入座舒适度。

（株）Zain 公司

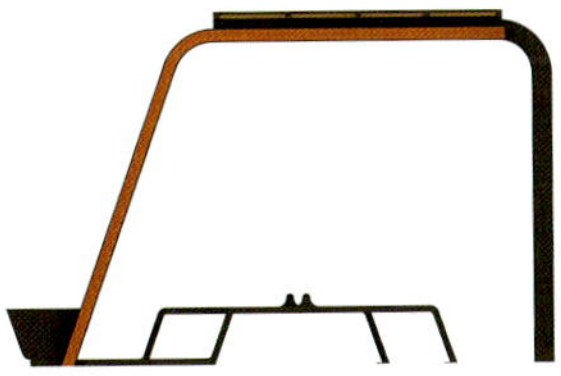

休息亭 ZCP-830

休息亭作为系统性的模式化设施，不是简单的个体，而是融合了各种功能（太阳伞＋坐凳＋花池）形成统一的空间层次，是考虑了整体景观美感的时尚组合形态的休息设施。各种部件的组合与分离充分考虑了营造自由空间的目的，设计成了具有可变通性的产品。带有顶棚的设计功能上能够适应天气变化，单元拼接既美观又牢固。休息亭、花池和坐凳的顺畅连接线成为重点设计环节，产生柔和的景观美。作为可持续发展的绿色生态和碳减为零的重要一环，本休息亭是依托植物生长而持续维持的生态系统（eco-system）产品。

规格—W4150×D3000×H2750
材料—H-Beam，Hardwood，STS-Plate，STL-Pipe
造价—24100000韩元（设计预算，VAT单独）
其他—2010年下半年 GOOD DESIGN 选定产品

花架 ZFP-154-2

城市中心和公园等狭小空间中担负休息功能的小型花架是细长的屋脊线和休息亭一体化的坐凳组合，他具有现代的时尚感和简约美，同时又是城市中心发挥重要作用的设施。设计中考虑到人的尺度，保证人人均可方便使用，实体屋顶是为应对天气（雪、雨、太阳光等）变化而进行的功能性充实设计。模块化的单元组合自由，因此不受空间大小限制，根据安装场地的特点，可以形成各种丰富的景观造型。慈人公司的上述全部作品均使用了天然木材，并在上面喷涂环保性油性着色剂，这样对人身和环境都适合。

规格—W2300×D1900×H2850
材料—Al-bar，Hardwood，STS-Plate，STL-Pipe，Polycarbonate
造价—12400000韩元（设计预算，VAT单独）
其他—2009年第三次首尔市优秀公共设计选定产品

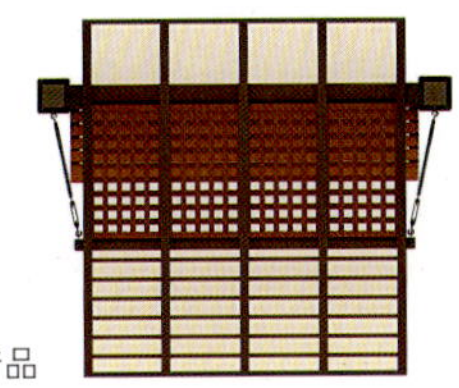

（株）JEOWON 公司

休息亭类型—C 模型

休息亭的出入口可根据需要采用选择性开闭，窗户采用木质材料，其侧面窗户镶嵌了干净的玻璃，外露的天然木材适应整体造景空间，从而在不影响周围环境的情况下达到与周围的协调统一。木窗直接坐落在室内外地板上的天然木材上，形成一体化氛围，侧面镶嵌了复合玻璃窗，保证了视野的开放感，冬季诱发温室效果，室内温度上升，形成暖和舒适的休息空间。前部和后部设置了卷帘门，夏季全部打开，冬季全部关闭可防止热量散发，便于冬季室外休息空间的使用。与现有的休息亭冬季利用率大幅降低相比，这种休息亭具有一年四季均可使用的优点。

规格—W4000×D5000×H2800

SH-R01 模型

从休息设施随时都应开放使用的概念基础上，本模型休息空间的侧面尽可能都关闭，只开放后面一部分，以免产生压抑感。正面的石材，天花板的聚碳酸酯，侧面及其他部分的天然木材等多种材料混合使用。唯有地缘公司在木质窗户上采用了新技术，顺利完成了各种材料间的自然结合。上部配置聚碳酸酯材料，垂直方向的木窗线和天然木材的横向线形成十字交叉，完成了简单的上部设计。总体上休息设施使用的全部木窗框架是天然木材，这不但表现了环境友好型形象，利用其自身的强度也充分解决了结构功能。

规格—W6000×D5000×H3000

JSETECH公司

太阳光休息亭 JSPA-306

白天将环保型太阳能转换并储存为电能，夜间供能效高的LED照明使用，提高了休息亭的利用率。将休息亭、花池和坐凳设计成一个整体的基本组成结构，与原有的休息亭形态不同，这样的设计可从不同角度感受产品的变化。休息亭内部设置了木质花池，休息的人们可以更近地观赏花草绿地。休息亭内的平床采用了低矮设计概念，以保护儿童玩耍安全，另一侧的成人坐凳配置了靠背以便于对话交流。

规格—W4700×D3500×H3300
材料—Hardwood，Steel，太阳光模块
造价—11000000韩元（设计预算，附加税另附/现场装配图）

生态网休息亭 JSPA-307

这种休息亭采用了简约性设计，主要安放在类似城市中心的建筑室外，这里的休息空间用地局促且缺少绿色植物。立柱部位设置了木质花池，花池内种植了藤蔓植物，植物沿着休息亭一侧的生态网（攀登辅助用材）攀爬，休息亭上部全部覆盖了绿色植物。可以说这种休息亭就是供人们蔽日，呼吸新鲜空气，在绿色中享受休息的环境友好型休息亭。

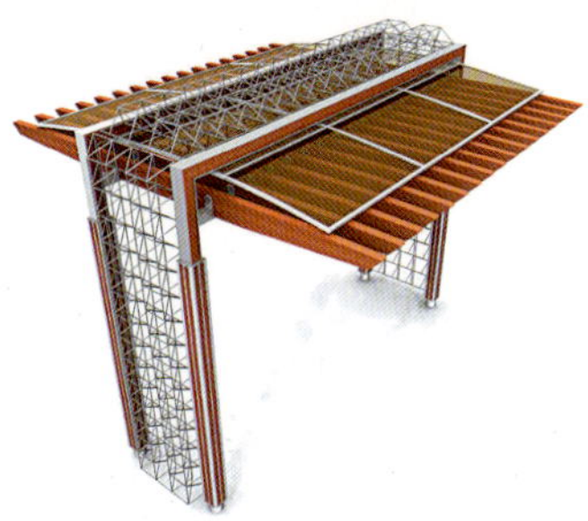

规格—W3500×D4200×H3100
材料—Hardwood，Steel，Polycarbonate
造价—7300000韩元（设计预算，附加税另计/现场装配图）

Toin Design 公司

规格—W7450×D3500×H2925(TIP 022)
W14260×D3400×H3320(TIP 024)
W12125×D4000×H2900(TIP 025)
造价—26600000韩元(TIP 022)/38900000韩元(TIP 024)/34300000韩元(TIP 025)

休息亭 TIP022，TIP024，TIP025

休息亭采用简洁的结构，将所谓的石材用作建筑材料，这不仅能适应空间自然稳重的特点，而且在不同的场所均能得到展示。这种休息亭（TIP022，024）就是餐饮区具有代表性的休息设施。这两个花架采用了模块化设计，随着基底的规模变化可大可小，能有效地利用空间是其特点。花架的侧面上端安装了GS标识，突出强调了品牌的高档。休息亭(TIP 025)就像一幅画，是形式和功能的统一，下部设置坐凳(TIB-319)，有助于业主们进行舒适的休息。另外，最能表现专业化设计的特点位于坐凳的侧面，每个小区的坐凳分别刻画了灌木、草地、水等主题性造景要素，增加了视觉审美效果。

休息亭 TIP 307

恩平新城是各阶层和各种家庭类型共同生活的居住区，它提出了“以城市整体和谐和人们的交流为中心，创造21世纪新型高品质福利社区空间”的设计目标。为满足不同业主对休息空间的需求，公司设计了以“工”字钢和实木组合的休息亭，这种休息亭(TIP 307)给人独特的感受。与休息亭搭配的坐凳采用红色木质涂装，给人不同色彩感觉。该坐凳（TIB-305）是以使用者舒适为目标并采用人体工学方法进行的设计。土人设计公司配置的休息设施，不仅给人以现代感，同时也提高了业主的满意度，在创造生活区的高品质形象方面用心良苦。

规格—W3500×D3500×H3000
材料—钢，木材
造价—8500000韩元

（株）Hebron公司

传统休息亭 CHP 3501

板桥住宅开发区内的小区公园是作为居民散步、休息和运动的空间而设置的。公园的入口处设置了传统亭子，既显示了开放性的一面，也展示了雅静的空间。传统亭子使用了与周边环境协调的原木，木材具有温暖的色调和质朴感，并显得高级与自然。在休息亭里眺望公园的风景，亭瓦、亭顶、蓝天以及绿色植物组成的美景，给人以闲适的感觉。

规格—W6000×D6000×H6900
造价—94600000韩元(设计预算)

休息亭 HPE-E1304

位于高层公共建筑群和住宅楼之间的奥林匹克公园应是人与自然共存的场所，休息亭是以“城中绿洲”为概念进行的设计。位于公园入口处的和平广场一侧安排了连接型休息亭，它体现了城市的自然简洁美，展示了公园形象。作为保持视觉开放的建筑物，可方便多数人使用，同时设置照明灯使得夜间也可以安全使用。

规格—W3600×D3300×H3000 (组合型定做产品)
造价—17260000韩元

休息亭 CHP 3202

位于运动设施附近的休息区设置的休息亭具有传统的方木造型，并为附近居民的使用提供了便利。精心打造的景观和顶棚下面的小型方木造型配合良好，这里可以体会木质本身具有的温暖感和多彩风景。

规格—W8000×D3800×H2950
造价—25996000韩元

译者简介

田华

1966 年 5 月出生

1989年12月　毕业于朝鲜平壤建设建材大学，获城市规划学士学位。

1990~2006年　山东省城乡规划设计研究院从事城市规划工作。

2007年至今　青岛理工大学建筑学院副教授、城市规划教研室主任。

其间：2001~2004年由韩国教育部国际教育振兴院资助，于首尔大学攻读城市设计学研究生课程，获城市设计学硕士学位。

曾于2007年、2008年翻译出版《最新室内细部设计实例集——健身娱乐建筑》和《最新室内细部设计实例集——商业建筑》两部译著。

朱一荣

1977年3月出生

工学博士，副教授

1995 年 9 月 ~ 1999 年 7 月	吉林建筑工程学院，城市规划专业
1999 年 8 月 ~ 2003 年 8 月	吉林省延吉市规划勘测设计院
2003 年 9 月 ~ 2009 年 2 月	韩国首尔大学，城市规划与设计（硕博连读）
2009 年 4 月至今	青岛理工大学，建筑学院